中国水利统计年鉴2024

 中华人民共和国水利部 编

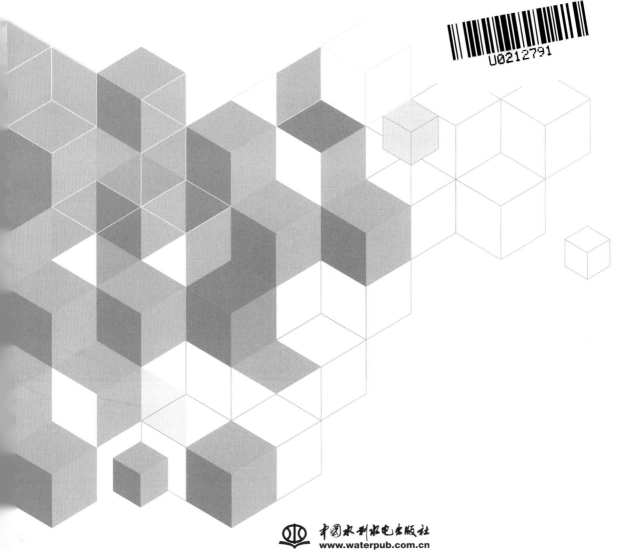

中国水利水电出版社
www.waterpub.com.cn
·北京·

图书在版编目（CIP）数据

中国水利统计年鉴. 2024 / 中华人民共和国水利部
编. -- 北京 : 中国水利水电出版社，2024. 6. -- ISBN
978-7-5226-2503-4

Ⅰ. F426.9-54

中国国家版本馆CIP数据核字第2024HH9156号

责任编辑　李金玲　王　菲

书　　名	**中国水利统计年鉴 2024** ZHONGGUO SHUILI TONGJI NIANJIAN 2024
作　　者	中华人民共和国水利部　编
出版发行	中国水利水电出版社 （北京市海淀区玉渊潭南路1号D座　100038） 网址：www. waterpub. com. cn E - mail：sales@mwr. gov. cn 电话：（010）68545888（营销中心）
经　　售	北京科水图书销售有限公司 电话：（010）68545874、63202643 全国各地新华书店和相关出版物销售网点
排　　版	中国水利水电出版社微机排版中心
印　　刷	北京印匠彩色印刷有限公司
规　　格	210mm×297mm　16开本　11印张　466千字
版　　次	2024年6月第1版　2024年6月第1次印刷
印　　数	0001—1000册
定　　价	**168.00元**

凡购买我社图书，如有缺页、倒页、脱页的，本社营销中心负责调换

《中国水利统计年鉴2024》

编委会和编写人员名单

编　委　会

主　　任：陈　敏

副 主 任：吴文庆　张祥伟

委　　员：（以姓氏笔画为序）

邢援越　巩劲标　朱东恺　任骁军　刘宝军　李　烽　李兴学

李春明　李原园　杨卫忠　吴　强　张　彬　张玉山　张敦强

张新玉　陈茂山　郑红星　赵　卫　段敬玉　姜成山　袁其田

夏海霞　钱　峰　倪　莉　郭孟卓　曹纪文　彭　静　谢义彬

编　写　人　员

主　　编：张祥伟

副 主 编：谢义彬　吴　强

执行编辑：汪习文　张光锦　徐　吉　李　淼　张　岚

编辑人员：（以姓氏笔画为序）

万玉倩　马　超　王小娜　王健宇　王鹏悦　刘　阳　刘　品

孙宇飞　李笑一　杨　波　吴泽斌　吴海兵　吴梦莹　邱立军

张贤瑜　张晓兰　欧阳珊　罗　涛　周哲宇　房　蒙　徐安然

殷　殷　殷海波　高　音　高立军　郭　悦　黄藏青　蒋雨彤

韩绪博　谢雨轩　虞　泽　潘利业

英文翻译：谷丽雅

《China Water Statistical Yearbook 2024》
Editorial Board and Editorial Staff

Editorial Board

Chairman: Chen Min

Vice-Chairman: Wu Wenqing   Zhang Xiangwei

Editorial Board: (in order of the number of strokes of the Chinese character of the surname)

Xing Yuanyue	Gong Jinbiao	Zhu Dongkai	Ren Xiaojun	Liu Baojun
Li Feng	Li Xingxue	Li Chunming	Li Yuanyuan	Yang Weizhong
Wu Qiang	Zhang Bin	Zhang Yushan	Zhang Dunqiang	Zhang Xinyu
Chen Maoshan	Zheng Hongxing	Zhao Wei	Duan Jingyu	Jiang Chengshan
Yuan Qitian	Xia Haixia	Qian Feng	Ni Li	Guo Mengzhuo
Cao Jiwen	Peng Jing	Xie Yibin		

Editorial Staff

Editor-in-Chief: Zhang Xiangwei

Associate Editors-in-Chief: Xie Yibin   Wu Qiang

Directors of Editorial Department: Wang Xiwen   Zhang Guangjin   Xu Ji   Li Miao   Zhang Lan

Editorial Staff: (in order of the number of strokes of the Chinese character of the surname)

Wan Yuqian	Ma Chao	Wang Xiaona	Wang Jianyu	Wang Pengyue
Liu Yang	Liu Pin	Sun Yufei	Li Xiaoyi	Yang Bo
Wu Zebin	Wu Haibing	Wu Mengying	Qiu Lijun	Zhang Xianyu
Zhang Xiaolan	Ouyang Shan	Luo Tao	Zhou Zheyu	Fang Meng
Xu Anran	Yin Yin	Yin Haibo	Gao Yin	Gao Lijun
Guo Yue	Huang Zangqing	Jiang Yutong	Han Xubo	Xie Yuxuan
Yu Ze	Pan Liye			

English Translator: Gu Liya

编者说明

一、《中国水利统计年鉴 2024》系统收录了 2023 年全国和各省、自治区、直辖市的水资源、水利建设投资、水利工程设施等方面的统计数据，以及中华人民共和国成立以来的全国主要水利统计数据，是一部全面反映中华人民共和国水利发展情况的资料性年刊。

二、本年鉴正文内容分为 9 个篇章，即江河湖泊及水资源、江河治理、农业灌溉、供用水、水土保持、水利建设投资、农村水电、水文站网、从业人员情况。为方便读者使用，各篇章前均设有简要说明，概述本篇章的主要内容、数据来源、统计范围、统计方法以及历史变动情况。篇章末附有主要统计指标解释。

三、本年鉴的全国性统计数据，如未作特殊说明均不包括香港特别行政区、澳门特别行政区和台湾省数据。2012 年水库数量、水闸数量、机电井数量、堤防长度、灌溉面积、灌区、水土保持治理面积等主要指标数据已与 2011 年第一次全国水利普查数据衔接，2013 年节水灌溉面积数据已与 2011 年第一次全国水利普查数据衔接。

四、本年鉴在编辑上采用了以下方法。

（1）部分统计资料从 1949 年至 2023 年均被记录，但一些年份指标数据由于历史记录不详没有收录。

（2）分省统计资料均按当年各省级行政区域范围收集，行政区域范围变化后没有调整统计资料。例如：在重庆市划出前，四川省的资料包括重庆市。

（3）部分统计资料按流域或水资源一级分区分组。

（4）历史数据基本保持原貌，未作改动。

（5）部分指标未单列新疆生产建设兵团数据，其数据含在"新疆"的数据中。

五、所使用的计量单位，大部分采用国际统一法定标准计量单位，小部分沿用水利统计惯用单位。

六、部分数据合计数量由于数字位数取舍而产生的计算误差，均未作调整。

七、凡带有续表的资料，有关注释均列在第一张表的下方。

八、符号使用说明：各表中的"空格"表示该项统计指标数据不足本表最小单位数、数据不详或无该项数据；"#"表示其中主要项；"*"或数字标示（如①等）表示本表下有注解。

EDITOR'S NOTES

A. *China Water Statistical Yearbook 2024*, as an annual report that contains comprehensive information on various activities of water resources development in the People's Republic of China, has systematically collected a wide range of statistical data of water resources, investments of water project construction, and water schemes and infrastructures etc. of the whole country and of each province, autonomous region and municipality directly under the administration of Central Government in 2023. In addition, the Yearbook provides main statistical information on water resources since the founding of the People's Republic of China in 1949.

B. The Yearbook include nine chapters:

1. Rivers, lakes and water resources
2. River regulation
3. Agricultural irrigation
4. Water supply and utilization
5. Soil and water conservation
6. Investments in water project construction
7. Rural hydropower
8. Hydrological network
9. Employees

To help readers clearly understand the statistical data, a brief introduction is given before each chapter, making a briefing on main contents, data sources, statistical scope and method, and historical changes. Moreover, explanations of main statistical indices are made at the end of each chapter.

C. In the Yearbook, if no special explanation, the national statistics excludes those of Hong Kong Special Administrative Region, Macao Special Administrative Region and Taiwan Province. The number of reservoir, sluice and gate, length of embankment, irrigated area, irrigation district, electro-mechanical wells and soil and conservation area in 2012 were integrated with the data of First National Water Census in 2011. The water-saving irrigated area in 2013 was integrated with the data of First National Water Census in 2011.

D. Following methodologies are adopted when statistical data of the Yearbook is produced:

1. Some statistical data are collected from 1949 to 2023, but a number of indicative data of some year are excluded because of incomplete historical records.

2. Statistical data of each province is collected according to the administrative division of that year, and no adjustment is made after the changes of division of administrative scope. For example, the data of Chongqing should be covered by Sichuan Province before Chongqing became the municipality directly under the central government.

3. Some statistical data are grouped based on river basins or Grade-I water resources regions.

4. Historical data are kept unchanged.

5. Statistical data of Xinjiang cover that of the Xinjiang Production and Construction Corps.

E. Metric System is commonly applied for most of the data in the Yearbook as the unit of measurements, but in a few circumstances, units that widely used locally are adopted.

F. No automatic adjustment is made for calculation error of some total figures herein as a result of the dropping of a certain digit.

G. Where statistical data has continued table, the relevant annotations is listed at the bottom of the first table.

H. Notes on symbol-use: the space in tables of the Yearbook means that index data are less than the required minimum, or not quite clear or not available; # represents the main item; * or ① means that there are annotations at the bottom of the table.

目 录

CONTENTS

2 江河治理
River Regulation

3 农业灌溉
Agricultural Irrigation

4 供用水
Water Supply and Utilization

5 水土保持
Soil and Water Conservation

6 水利建设投资
Investments in Water Project Construction

7 农村水电
Rural Hydropower

8 水文站网
Hydrological Network

9 从业人员情况
Employees

1 江河湖泊及水资源

Rivers，Lakes and Water Resources

简 要 说 明

江河湖泊及水资源统计资料包括主要江河、湖泊、自然资源与水资源的状况，降水量、水资源量、水旱灾害及水质等。

1. 自然状况包括国土、气候等资料，国土和气候资料来源于《中国统计年鉴2011》和《中国统计年鉴2012》。

2. 降水量资料、水资源资料按照地区和水资源一级分区整理。

3. 主要河流、内陆水域、湖泊资料按照主要河流水系整理。

4. 河流水质、湖泊水质资料按水资源一级分区整理。

5. 主要江河年径流量为50年平均值。

Brief Introduction

Statistical data of rivers, lakes and water resources provides information on main rivers and lakes, conditions of natural resources and water resources, precipitation, availability of water resources, flood or drought disasters, water quality, etc.

1. Natural resources conditions cover the data of national land and climate that are sourced from *China Statistical Yearbook 2011* and *China Statistical Yearbook 2012*.

2. Precipitation data and data of availability of water resources is sorted according to regions and Grade-I water resources regions.

3. Data of main rivers, inland water bodies and lakes is classified according to main watersheds.

4. Data of water quality in rivers and water quality in lakes is classified according to Grade-I water resources regions.

5. Mean annual runoff of main rivers refers to the average annual value of past 50 years.

1-1 河 流 数 量 与 长 度

Number and Length of Rivers

地 区	Region	流域面积 50 平方千米及以上河流 Drainage Area up to 50 km² and above		流域面积 100 平方千米及以上河流 Drainage Area up to 100 km² and above		流域面积 1000 平方千米及以上河流 Drainage Area up to 1,000 km² and above		流域面积 10000 平方千米及以上河流 Drainage Area up to 10,000 km² and above	
		数量/条 Number/unit	长度/千米 Length/km	数量/条 Number/unit	长度/千米 Length/km	数量/条 Number/unit	长度/千米 Length/km	数量/条 Number/unit	长度/千米 Length/km
合 计	Total	45203	1508490	22909	1114630	2221	386584	228	132553
北 京	Beijing	127	3731	71	2845	11	1035	2	417
天 津	Tianjin	192	3913	40	1714	3	265	1	102
河 北	Hebei	1386	40947	550	26719	49	6573	10	2575
山 西	Shanxi	902	29337	451	21219	53	7606	7	3000
内蒙古	Inner Mongolia	4087	144785	2408	113572	296	42621	40	14735
辽 宁	Liaoning	845	28459	459	21587	48	7585	10	2869
吉 林	Jilin	912	32765	497	25386	64	9963	18	5102
黑龙江	Heilongjiang	2881	92176	1303	65482	119	23959	21	10294
上 海	Shanghai	133	2694	19	758	2	83	2	83
江 苏	Jiangsu	1495	31197	714	19552	15	1649	4	672
浙 江	Zhejiang	865	22474	490	16375	26	3927	3	975
安 徽	Anhui	901	29401	481	21980	66	7937	8	1641
福 建	Fujian	740	24629	389	18051	41	5697	5	1719
江 西	Jiangxi	967	34382	490	25219	51	8199	8	2474
山 东	Shandong	1049	32496	553	23662	39	4896	4	1120
河 南	Henan	1030	36965	560	27910	64	10161	11	3347
湖 北	Hubei	1232	40010	623	28949	61	9182	10	3232
湖 南	Hunan	1301	46011	660	33589	66	10441	9	3957
广 东	Guangdong	1211	36559	614	25851	60	7668	6	1635
广 西	Guangxi	1350	47687	678	35182	80	13011	7	4062
海 南	Hainan	197	6260	95	4397	8	1199		
重 庆	Chongqing	510	16877	274	12727	42	4869	7	1441
四 川	Sichuan	2816	95422	1396	70465	150	26948	20	10649
贵 州	Guizhou	1059	33829	547	25386	71	10261	10	3176
云 南	Yunnan	2095	66856	1002	48359	118	20245	17	7388
西 藏	Xizang	6418	177347	3361	131612	331	43073	28	12042
陕 西	Shaanxi	1097	38469	601	29342	72	10443	12	4134
甘 肃	Gansu	1590	55773	841	41932	132	17434	21	6587
青 海	Qinghai	3518	114060	1791	81966	200	28073	27	9888
宁 夏	Ningxia	406	10120	165	6482	22	2226	5	926
新 疆	Xinjiang	3484	138961	1994	112338	257	44219	29	16479

注　1. 本表数据来源于 2011 年第一次全国水利普查成果。

　　2. 由于同一河流流经不同省（自治区、直辖市）时重复统计，故 31 个省（自治区、直辖市）河流数量、河流长度加总大于同标准河流数量、河流长度的合计数。本表合计数为剔重后的数据。

Notes　1. The data used in this table are sourced from the First National Water Census in 2011.

　　2. The total number of rivers in 31 provinces (autonomous regions and municipalities) in the Yearbook is larger than that of the actual rivers because of repetitive calculation of same rivers that flow across more than one province (autonomous regions and municipalities), and the total length of rivers is also larger than that of the actual rivers. The total doesn't include duplication data in this table.

1-2 中国十大河流基本情况

General Conditions of Ten Major Rivers

河流	River	河流长度 /千米 Length of River /km	流域面积 /平方千米 Drainage Area /km²	2022年水面面积 /平方千米 Water Surface Area in 2022 /km²	流经省 （自治区、直辖市） Provinces (Autonomous Regions and Municipalities) Flow Through	多年平均年径流深 /毫米 Depth of Annual Runoff /mm
长 江	Yangtze River	6296	1796000	6163	青海、西藏、四川、云南、重庆、湖北、湖南、江西、安徽、江苏、上海	551.1
黑龙江	Heilong River	1905	888711	1695	黑龙江	142.6
黄 河	Yellow River	5687	813122	3704	青海、四川、甘肃、宁夏、内蒙古、陕西、山西、河南、山东	74.7
珠 江 （流域）	Pearl River (Basin)	2320	452000	1070	云南、贵州、广西、广东、湖南、江西	
塔里木河	Talimu River	2727	365902	285	新疆	72.2
雅鲁藏布江	Yarlung Zangbo River	2296	345953	744	西藏	951.6
海 河 （流域）	Haihe River (Basin)	73（干流）	320600	222	天津、北京、河北、山西、山东、河南、内蒙古、辽宁	
辽 河	Liaohe River	1383	191946	279	内蒙古、河北、吉林、辽宁	45.2
淮 河	Huaihe River	1018	190982	385	河南、湖北、安徽、江苏	236.9
澜沧江	Lancang River	2194	164778	527	青海、西藏、云南	445.6

注 1. 本表数据来源于《中国河湖年鉴 2023》。

  2. 黄河流域面积包含内流区 42269 平方千米。

Notes 1. The data are sourced from *China River and Lake Yearbook 2023*.

  2. The Yellow River drainage area includes the endorheic basin of 42,269 km².

1-3 全国主要湖泊

Key Lakes in China

湖 名 Lake	主 要 所 在 地 Main Location	湖泊面积 /平方千米 Area /km²	湖水贮量 /亿立方米 Storage /10⁸m³
青海湖 Qinghai Lake	青海 Qinghai	4200	742
鄱阳湖 Poyang Lake	江西 Jiangxi	3960	259
洞庭湖 Dongting Lake	湖南 Hunan	2740	178
太湖 Taihu Lake	江苏 Jiangsu	2338	44
呼伦湖 Hulun Lake	内蒙古 Inner Mongolia	2000	111
纳木错 Namtso Lake	西藏 Xizang	1961	768
洪泽湖 Hongze Lake	江苏 Jiangsu	1851	24
色林错 Selincuo Lake	西藏 Xizang	1628	492
南四湖 Nansi Lake	山东 Shandong	1225	19
扎日南木错 Zharinanmucuo Lake	西藏 Xizang	996	60
博斯腾湖 Bosten Lake	新疆 Xinjiang	960	77
当惹雍错 Dangreyongcuo Lake	西藏 Xizang	835	209
巢湖 Chaohu Lake	安徽 Anhui	753	18
布伦托海 Buluntuohai Lake	新疆 Xinjiang	730	59
高邮湖 Gaoyou Lake	江苏 Jiangsu	650	9
羊卓雍错 Yangzhuoyongcuo Lake	西藏 Xizang	638	146
鄂陵湖 Eling Lake	青海 Qinghai	610	108
哈拉湖 Hala Lake	青海 Qinghai	538	161
阿牙克库木湖 Ayakekumu Lake	新疆 Xinjiang	570	55
扎陵湖 Gyaring Lake	青海 Qinghai	526	47
艾比湖 Aibi Lake	新疆 Xinjiang	522	9
昂拉仁错 Anglarencuo Lake	西藏 Xizang	513	102
塔若错 Taruocuo Lake	西藏 Xizang	487	97
格仁错 Gerencuo Lake	西藏 Xizang	476	71
赛里木湖 Sayram Lake	新疆 Xinjiang	454	210
松花湖 Songhua Lake	吉林 Jilin	425	108
班公错 Bangongcuo Lake	西藏 Xizang	412	74
玛旁雍错 Manasarovar Lake	西藏 Xizang	412	202
洪湖 Honghu Lake	湖北 Hubei	402	8
阿次克湖 Acike Lake	新疆 Xinjiang	345	34
滇池 Dianchi Lake	云南 Yunnan	298	12
拉昂错 Laangcuo Lake	西藏 Xizang	268	40
梁子湖 Liangzi Lake	湖北 Hubei	256	7
洱海 Erhai Lake	云南 Yunnan	253	26
龙感湖 Longgan Lake	安徽 Anhui	243	4
骆马湖 Luoma Lake	江苏 Jiangsu	235	3
达里诺尔 Dalinuoer Lake	内蒙古 Inner Mongolia	210	22
抚仙湖 Fuxian Lake	云南 Yunnan	211	19
泊湖 Pohu Lake	安徽 Anhui	209	3
石臼湖 Shijiu Lake	江苏 Jiangsu	208	4
月亮泡 Yueliangpao Lake	吉林 Jilin	206	5
岱海 Daihai Lake	内蒙古 Inner Mongolia	140	13
波特港湖 Botegang Lake	新疆 Xinjiang	160	13
镜泊湖 Jingpo Lake	黑龙江 Heilongjiang	95	16

注 本表数据来源于《四十年水利建设成就——水利统计资料（1949—1988）》。

Note The data in this table are sourced from *Achievements of Water Construction in 40 Years—Water Statistical Data (1949–1988)*.

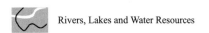

1-3 续表 continued

湖 名 Lake	所 在 流 域 River Basin		水 型 Lake Type
	内陆湖区 Inland Lake Region	外流湖区 Out-flowing Lake Region	
青海湖 Qinghai Lake	柴达木区 Qaidam		咸水湖 Saltwater Lake
鄱阳湖 Poyang Lake		长江流域 Yangtze River Basin	淡水湖 Freshwater Lake
洞庭湖 Dongting Lake		长江流域 Yangtze River Basin	淡水湖 Freshwater Lake
太湖 Taihu Lake		长江流域 Yangtze River Basin	淡水湖 Freshwater Lake
呼伦湖 Hulun Lake	内蒙古区 Inner Mongolia		咸水湖 Saltwater Lake
纳木错 Namtso Lake	藏北区 North Xizang		咸水湖 Saltwater Lake
洪泽湖 Hongze Lake		淮河流域 Huaihe River Basin	淡水湖 Freshwater Lake
色林错 Selincuo Lake	藏北区 North Xizang		咸水湖 Saltwater Lake
南四湖 Nansi Lake		淮河流域 Huaihe River Basin	淡水湖 Freshwater Lake
扎日南木错 Zharinanmucuo Lake	藏北区 North Xizang		咸水湖 Saltwater Lake
博斯腾湖 Bosten Lake	甘新区 Gansu-Xinjiang Region		咸水湖 Saltwater Lake
当惹雍错 Dangreyongcuo Lake	藏北区 North Xizang		咸水湖 Saltwater Lake
巢湖 Chaohu Lake		长江流域 Yangtze River Basin	淡水湖 Freshwater Lake
布伦托海 Buluntuohai Lake	甘新区 Gansu-Xinjiang Region		咸水湖 Saltwater Lake
高邮湖 Gaoyou Lake		淮河流域 Huaihe River Basin	淡水湖 Freshwater Lake
羊卓雍错 Yangzhuoyongcuo Lake	藏北区 North Xizang		咸水湖 Saltwater Lake
鄂陵湖 Eling Lake		黄河流域 Yellow River Basin	淡水湖 Freshwater Lake
哈拉湖 Hala Lake	柴达木区 Qaidam		咸水湖 Saltwater Lake
阿牙克库木湖 Ayakekumu Lake	藏北区 North Xizang		咸水湖 Saltwater Lake
扎陵湖 Gyaring Lake		黄河流域 Yellow River Basin	淡水湖 Freshwater Lake
艾比湖 Aibi Lake	甘新区 Gansu-Xinjiang Region		咸水湖 Saltwater Lake
昂拉仁错 Anglarencuo Lake	藏北区 North Xizang		咸水湖 Saltwater Lake
塔若错 Taruocuo Lake	藏北区 North Xizang		咸水湖 Saltwater Lake
格仁错 Gerencuo Lake	藏北区 North Xizang		淡水湖 Freshwater Lake
赛里木湖 Sayram Lake	甘新区 Gansu-Xinjiang Region		咸水湖 Saltwater Lake
松花湖 Songhua Lake		黑龙江流域 Heilong River Basin	淡水湖 Freshwater Lake
班公错 Bangongcuo Lake	藏北区 North Xizang		东淡西咸 Freshwater in the East and Saltwater in the West
玛旁雍错 Manasarovar Lake	藏南区 South Xizang		淡水湖 Freshwater Lake
洪湖 Honghu Lake		长江流域 Yangtze River Basin	淡水湖 Freshwater Lake
阿次克湖 Acike Lake	藏北区 North Xizang		咸水湖 Saltwater Lake
滇池 Dianchi Lake		长江流域 Yangtze River Basin	淡水湖 Freshwater Lake
拉昂错 Laangcuo Lake	藏南区 South Xizang		淡水湖 Freshwater Lake
梁子湖 Liangzi Lake		长江流域 Yangtze River Basin	淡水湖 Freshwater Lake
洱海 Erhai Lake		西南诸河 Southwest Region	淡水湖 Freshwater Lake
龙感湖 Longgan Lake		长江流域 Yangtze River Basin	淡水湖 Freshwater Lake
骆马湖 Luoma Lake		淮河流域 Huaihe River Basin	淡水湖 Freshwater Lake
达里诺尔 Dalinuoer Lake	内蒙古区 Inner Mongolia		咸水湖 Saltwater Lake
抚仙湖 Fuxian Lake		珠江流域 Pearl River Basin	淡水湖 Freshwater Lake
泊湖 Pohu Lake		长江流域 Yangtze River Basin	淡水湖 Freshwater Lake
石臼湖 Shijiu Lake		长江流域 Yangtze River Basin	淡水湖 Freshwater Lake
月亮泡 Yueliangpao Lake		黑龙江流域 Heilong River Basin	淡水湖 Freshwater Lake
岱海 Daihai Lake	内蒙古区 Inner Mongolia		咸水湖 Saltwater Lake
波特港湖 Botegang Lake	甘新区 Gansu-Xinjiang Region		淡水湖 Freshwater Lake
镜泊湖 Jingpo Lake		黑龙江流域 Heilong River Basin	淡水湖 Freshwater Lake

1-4 各地区湖泊个数和面积

Number and Area of Lakes by Region

地区 Region		湖泊数量 /个 Number of Lakes /unit	淡水湖 Freshwater Lake	咸水湖 Saltwater Lake	盐湖 Salt Lake	其他 Others	湖泊面积 /平方千米 Lake Area /km²	淡水湖 Freshwater Lake	咸水湖 Saltwater Lake	盐湖 Salt Lake	其他 Others
合 计	Total	**2865**	**1594**	**945**	**166**	**160**	**78007.1**	**35149.9**	**39205.0**	**2003.7**	**1648.6**
北 京	Beijing	1	1				1.3	1.3			
天 津	Tianjin	1	1				5.1	5.1			
河 北	Hebei	23	6	13	4		364.8	268.5	90.7	5.6	
山 西	Shanxi	6	4	2			80.7	18.8	61.9		
内蒙古	Inner Mongolia	428	86	268	73	1	3915.8	571.6	3101.4	240.0	2.8
辽 宁	Liaoning	2	2				44.7	44.7			
吉 林	Jilin	152	27	39	67	19	1055.2	165.6	486.4	338.9	64.3
黑龙江	Heilongjiang	253	241	12			3036.9	2890.8	146.1		
上 海	Shanghai	14	14				68.1	68.1			
江 苏	Jiangsu	99	99				5887.3	5887.3			
浙 江	Zhejiang	57	57				99.2	99.2			
安 徽	Anhui	128	128				3505.0	3505.0			
福 建	Fujian	1	1				1.5	1.5			
江 西	Jiangxi	86	86				3802.2	3802.2			
山 东	Shandong	8	7	1			1051.7	1047.7	4.0		
河 南	Henan	6	6				17.2	17.2			
湖 北	Hubei	224	224				2569.2	2569.2			
湖 南	Hunan	156	156				3370.7	3370.7			
广 东	Guangdong	7	6	1			18.7	17.5	1.2		
广 西	Guangxi	1	1				1.1	1.1			
海 南	Hainan										
重 庆	Chongqing										
四 川	Sichuan	29	29				114.5	114.5			
贵 州	Guizhou	1	1				22.9	22.9			
云 南	Yunnan	29	29				1115.9	1115.9			
西 藏	Xizang	808	251	434	14	109	28868.0	4341.5	22338.3	1234.7	953.5
陕 西	Shaanxi	5		5			41.1		41.1		
甘 肃	Gansu	7	3	3	1		100.6	22.0	13.6	65.0	
青 海	Qinghai	242	104	125	8	5	12826.5	2516.0	10193.8	103.7	13.0
宁 夏	Ningxia	15	11	4			101.3	57.1	44.3		
新 疆	Xinjiang	116	44	44	2	26	5919.8	2606.8	2682.2	15.8	615.1

注 1. 面积大于或等于 1 平方千米。

2. 有 40 个跨省湖泊在分省数据中有重复统计。

3. 本表数据来源于 2011 年第一次全国水利普查。

Notes 1. The lake area is larger or equal to 1 km².

2. In the data by regions, 40 trans-provincial lakes are calculated repetitively.

3. The data in this table are sourced from the First National Water Census in 2011.

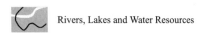

1-5　2023 年各地区降水量与 2022 年和常年值比较

Comparison of Precipitation in 2023 with 2022 and Normal Year by Region

地区　Region		降水量 /毫米 Precipitation /mm	与 2022 年比较增减 /% Increase or Decrease Comparing to 2022 /%	与常年值比较增减 /% Increase or Decrease Comparing to Normal Year /%
合　计	**Total**	**642.8**	**1.8**	**−0.2**
北　京	Beijing	727.0	50.8	27.8
天　津	Tianjin	607.5	3.9	7.1
河　北	Hebei	584.2	15.0	12.2
山　西	Shanxi	558.8	−5.7	9.4
内蒙古	Inner Mongolia	260.8	−4.0	−5.0
辽　宁	Liaoning	665.1	−27.3	−1.3
吉　林	Jilin	730.7	−11.0	20.1
黑龙江	Heilongjiang	621.6	7.4	16.9
上　海	Shanghai	1280.5	19.4	14.2
江　苏	Jiangsu	1132.8	39.3	12.5
浙　江	Zhejiang	1419.9	−9.4	−12.5
安　徽	Anhui	1160.8	18.5	−1.5
福　建	Fujian	1636.8	−4.4	−3.6
江　西	Jiangxi	1641.5	2.6	−0.3
山　东	Shandong	688.6	−21.6	2.3
河　南	Henan	1035.5	66.6	34.7
湖　北	Hubei	1278.7	29.5	9.8
湖　南	Hunan	1267.3	−2.9	−12.8
广　东	Guangdong	1892.5	−10.5	5.9
广　西	Guangxi	1433.7	−15.5	−7.2
海　南	Hainan	1836.7	−11.2	1.1
重　庆	Chongqing	1376.1	45.6	17.3
四　川	Sichuan	897.9	6.6	−6.7
贵　州	Guizhou	1000.7	−1.6	−13.7
云　南	Yunnan	1050.3	−10.5	−16.8
西　藏	Xizang	582.1	8.1	−0.1
陕　西	Shaanxi	786.0	17.1	19.7
甘　肃	Gansu	262.4	3.5	−5.9
青　海	Qinghai	370.5	8.6	17.1
宁　夏	Ningxia	252.9	−0.3	−12.4
新　疆	Xinjiang	148.1	4.8	−6.1

1-6 2023年各水资源一级区降水量与2022年和常年值比较

Comparison of Precipitation in 2023with 2022 and
Normal Year in Grade-I Water Resources Regions

水资源 一级区	Grade-I Water Resources Regions	降水量 /毫米 Precipitation /mm	与2022年比较增减 /% Increase or Decrease Comparing to 2022 /%	与常年值比较增减 /% Increase or Decrease Comparing to Normal Year /%
全　国	**Total**	**642.8**	**1.8**	**−0.2**
松花江区	Songhua River	574.7	2.6	14.6
辽河区	Liaohe River	534.2	−22.3	0.1
海河区	Haihe River	608.5	9.8	15.4
黄河区	Yellow River	491.3	5.5	8.6
淮河区	Huaihe River	928.5	18.6	10.8
长江区	Yangtze River	1068.2	10.2	−1.2
其中：太湖流域	Among Which: Taihu Lake	1282.4	16.7	6.3
东南诸河区	Southeast Rivers	1539.7	−6.7	−8.4
珠江区	Pearl River	1482.0	−14.3	−4.8
西南诸河区	Southwest Rivers	1034.3	4.0	−5.3
西北诸河区	Northwest Rivers	158.2	2.4	−4.1

1-7 历 年 水 资 源 量
Water Resources by Year

年份 Year	水资源总量 /亿立方米 Total Quantity of Water Resources /10^8m^3	地表水资源量 /亿立方米 Surface Water Resources /10^8m^3	地下水资源量 /亿立方米 Groundwater Resources /10^8m^3	地下水与地表 水资源重复量 /亿立方米 Duplicated Amount of Surface Water and Groundwater /10^8m^3	降水总量 /亿立方米 Total Precipitation /10^8m^3	人均水资源量 /立方米每人 Per Capita Water Resources /(m^3/person)
1999	28196	27204	8387	7395	59702	2219
2000	27701	26562	8502	7363	60092	2194
2001	26868	25933	8390	7456	58122	2112
2002	28261	27243	8697	7679	62610	2207
2003	27460	26251	8299	7090	60416	2131
2004	24130	23126	7436	6433	56876	1856
2005	28053	26982	8091	7020	61010	2152
2006	25330	24358	7643	6671	57840	1932
2007	25255	24242	7617	6604	57763	1916
2008	27434	26377	8122	7065	62000	2071
2009	24180	23125	7267	6212	55966	1812
2010	30906	29798	8417	7308	65850	2310
2011	23257	22214	7215	6171	55133	1726
2012	29529	28373	8296	7141	65150	2186
2013	27958	26840	8081	6963	62674	2060
2014	27267	26264	7745	6742		1999
2015	27963	26901	7797	6735	62569	2039
2016	32466	31274	8855	7662	68672	2355
2017	28761	27746	8310	7295	62936	2086
2018	27463	26323	8247	7107	64618	1972
2019	29041	27993	8192	7144	61660	2078
2020	31605	30407	8554	7355	66899	2240
2021	29638	28311	8196	6868	65426	2099
2022	27088	25984	7924	6821	59736	1918
2023	25783	24634	7807	6658	60807	1828

注　人均水资源量按照当地水资源总量除以年平均人口计算，不包括入省境水量和入省际界河水量。

Note　The per capita resources are calculated by dividing the total amount of local water resources by the annual average population excluding the amount of water entering the provincial and the amount of river water entering the provincial boundary.

1-8 2023 年水资源量（按地区分）

Water Resources in 2023 (by Region)

地区	Region	水资源总量 /亿立方米 Total Quantity of Water Resources /10⁸m³	地表水资源量 /亿立方米 Surface Water Resources /10⁸m³	地下水资源量 /亿立方米 Groundwater Resources /10⁸m³	地下水与地表水资源重复量 /亿立方米 Duplicated Amount of Surface Water and Groundwater /10⁸m³	降水量 /毫米 Annual Precipitation /mm	人均水资源量 /立方米每人 Per Capita Water Resources /(m³/person)
全 国	Total	**25782.5**	**24633.5**	**7807.1**	**6658.1**	**642.8**	**1828**
北 京	Beijing	41.5	21.9	28.5	8.9	727.0	190
天 津	Tianjin	17.8	12.2	7.0	1.3	607.5	131
河 北	Hebei	241.4	121.9	182.8	63.3	584.2	326
山 西	Shanxi	143.9	102.1	103.3	61.6	558.8	414
内蒙古	Inner Mongolia	491.9	357.0	215.1	80.2	260.8	2051
辽 宁	Liaoning	305.5	271.0	109.4	74.9	665.1	729
吉 林	Jilin	498.8	421.7	164.0	86.9	730.7	2129
黑龙江	Heilongjiang	1015.0	847.0	346.1	178.1	621.6	3295
上 海	Shanghai	41.5	34.8	9.8	3.1	1280.5	167
江 苏	Jiangsu	422.1	369.7	122.7	70.4	1132.8	495
浙 江	Zhejiang	730.1	715.5	187.7	173.0	1419.9	1106
安 徽	Anhui	692.8	614.3	187.1	108.6	1160.8	1131
福 建	Fujian	979.4	977.6	259.5	257.7	1636.8	2340
江 西	Jiangxi	1409.5	1389.3	341.4	321.1	1641.5	3117
山 东	Shandong	249.8	157.6	159.7	67.6	688.6	246
河 南	Henan	472.3	348.9	230.3	106.9	1035.5	480
湖 北	Hubei	1094.2	1071.3	307.0	284.1	1278.7	1873
湖 南	Hunan	1190.1	1183.2	312.8	305.9	1267.3	1807
广 东	Guangdong	1956.0	1946.3	483.0	473.3	1892.5	1542
广 西	Guangxi	1520.2	1517.7	409.5	407.0	1433.7	3018
海 南	Hainan	326.1	319.1	88.7	81.7	1836.7	3150
重 庆	Chongqing	698.4	698.4	117.7	117.7	1376.1	2181
四 川	Sichuan	2166.8	2165.4	540.0	538.6	897.9	2588
贵 州	Guizhou	647.1	647.1	240.1	240.1	1000.7	1676
云 南	Yunnan	1502.3	1502.3	533.1	533.1	1050.3	3208
西 藏	Xizang	4427.3	4427.3	1001.7	1001.7	582.1	121462
陕 西	Shaanxi	546.3	508.7	167.2	129.6	786.0	1382
甘 肃	Gansu	222.6	213.7	107.9	98.9	262.4	898
青 海	Qinghai	855.4	837.9	361.7	344.2	370.5	14388
宁 夏	Ningxia	8.1	6.5	14.6	13.0	252.9	112
新 疆	Xinjiang	868.3	826.2	467.7	425.5	148.1	3349

注 人均水资源量按照当地水资源总量除以年平均人口计算，不包括入省境水量和入省际界河水量。

Note The per capita resources are calculated by dividing the total amount of local water resources by the annual average population excluding the amount of water entering the provincial and the amount of river water entering the provincial boundary.

1-9 2023 年水资源量（按水资源一级区分）

Water Resources in 2023 (by Grade-I Water Resources Regions)

水资源 一级区	Grade-I Water Resources Regions	水资源总量 /亿立方米 Total Quantity of Water Resources /10⁸m³	地表水资源量 /亿立方米 Surface Water Resources /10⁸m³	地下水资源量 /亿立方米 Groundwater Resources /10⁸m³	地下水与地表水 资源重复量 /亿立方米 Duplicated Amount of Surface Water and Groundwater /10⁸m³	降水量 /毫米 Annual Precipitation /mm
全 国	**Total**	**25782.5**	**24633.5**	**7807.1**	**6658.1**	**642.8**
松花江区	Songhua River	1781.3	1515.0	569.7	303.4	574.7
辽河区	Liaohe River	449.1	362.1	184.2	97.2	534.2
海河区	Haihe River	437.1	245.1	315.8	123.8	608.5
黄河区	Yellow River	789.7	671.0	419.0	300.3	491.3
淮河区	Huaihe River	944.1	691.6	424.5	172.0	928.5
长江区	Yangtze River	8910.0	8803.2	2326.6	2219.8	1068.2
其中：太湖流域	Among Which: Taihu Lake	219.7	204.2	45.0	29.5	1282.4
东南诸河区	Southeast Rivers	1576.0	1564.8	406.4	395.2	1539.7
珠江区	Pearl River	4175.2	4156.0	1111.0	1091.8	1482.0
西南诸河区	Southwest Rivers	5343.5	5343.5	1300.2	1300.2	1034.3
西北诸河区	Northwest Rivers	1376.5	1281.2	749.7	654.4	158.2

主要统计指标解释

地表水资源量 河流、湖泊以及冰川等地表水体中可以逐年更新的动态水量，即天然河川径流量。

地下水资源量 地下饱和含水层逐年更新的动态水量，即降水和地表水入渗对地下水的补给量。

水资源总量 当地降水形成的地表和地下产水总量，即地表径流量与降水入渗补给量之和。

降水量 从天空降落到地面的液态或固态（经融化后）水，未经蒸发、渗透、流失而在地面上积聚的深度。

其统计计算方法如下：月降水量是将全月各日的降水量累加而得；年降水量是将 12 个月的月降水量累加而得。

径流量 在一定时段内通过河流某一过水断面的水量。

流域面积 每条河流都有自己的干流和支流，干支流共同组成这条河流的水系。每条河流都有自己的集水区域，这个集水区域就称为该河流的流域。流域面积是该集水区域的总面积。

Explanatory Notes of Main Statistical Indicators

Surface water resources　Dynamic quantity of water that is renewable year by year in surface water bodies such as rivers, lakes or glaciers; it also means the quantity of natural river runoff.

Groundwater resources　Quantity of recharge of precipitation and surface water to the saturated rock and clay, including infiltration recharge of precipitation and surface water bodies of river courses, lakes, reservoirs, canal system and irrigation field.

Total Quantity of water resources　Total available surface and underground water that is formed by local precipitation, i.e. the sum of surface runoff and underground water infiltrated by precipitation recharge.

Precipitation　Accumulative depth of water in liquid or solid (after melting) states from the sky to the ground without evaporation, infiltration and running off. Its calculation methods are as follows: monthly precipitation shall be the total sum of everyday rainfall in a month; annual precipitation shall be the total sum of rainfalls of twelve months.

Amount of runoff　Water quantity runs through a water carrying section of a river during a fixed period of time.

Drainage area　Each river has its own mainstream and tributaries that jointly form the water system of this river. Each river has its own water catchment, and this catchment is called the river basin of this river. The area of a river basin is the total area of its catchments.

2 江河治理

River Regulation

简 要 说 明

江河治理统计资料主要包括水库数量、水库总库容、堤防长度与等级划分、水闸数量与类型以及除涝面积。

江河治理资料按水资源一级分区和地区分组。水库、堤防、水闸、除涝等历史数据汇总 1982 年至今的数据。

1. 水库统计范围为已建成水库，包括水利、电力、城建等部门建设的水库。

2. 堤防统计范围为已建成或基本建成的河堤、湖堤、海堤、江堤、分洪区和行洪区围堤等各种堤防，生产堤、渠堤、排涝堤不做统计。本年鉴堤防长度为五级及以上堤防长度。

3. 水闸统计范围为江河、湖泊上防洪、分洪、节制、挡潮、排涝、引水灌溉等各种类型的水闸，水库枢纽等建筑物上的水闸不包括在内。2012 年始，水闸数量统计口径为水闸流量达到 5 立方米每秒。

4. 洪灾、旱灾及防治状况历史资料汇总 1950 年以来的数据，按地区整理。

5. 2012 年水库、堤防、水闸相关指标已与 2011 年水利普查数据进行了衔接。

Brief Introduction

Statistical data of rivers regulation mainly includes number of reservoirs, total storage capacity, embankment length and grade division, number and types of sluices and gates, and drainage area.

The data of river regulation is divided into groups in accordance with regions and basins. Historical data of reservoirs, embankments, water gates, waterlogging prevention areas is collected from 1982 until present.

1. The statistical data of reservoirs also covers reservoirs built by department of Water electricity and urban construction despite of water department.

2. The statistical scope of embankment covers various types such as river embankment and levee, lake embankment, sea dyke, embankment for flood retention and discharge basins, excluding embankment for production, canal and drainage purposes. The data of the length of embankment and dyke is about from Grade-I to Grade-V.

3. The statistical scope of sluice and gate covers various types of sluices and gates on rivers or lakes, such as those for flood control and flood diversion, control gate and tidal gate, and gate for drainage and irrigation. The gates built on the reservoirs are not included. Since 2012, only the gates with a flow higher than 5 m^3/s are included.

4. Historical data of flood and drought disasters, and summary of prevention and control status are collected from 1950 until present and classified according to regions.

5. The data of reservoir, embankment, sluice and gate in 2012 is integrated with the First National Census for Water in 2011.

2-1 主 要 指 标

Key Indicators

指标名称 Indicator	单位	unit	2013	2014	2015	2016	2017	2018	2019	2020	2021	2022	2023
水库 Reservoir	座	unit	97721	97735	97988	98460	98795	98822	98112	98566	97036	95296	94877
总库容 Total Storage	亿立方米	10^8m^3	8298	8394	8581	8967	9035	8953	8983	9306	9853	9887	9999
大型 Large Reservoir	座	unit	687	697	707	720	732	736	744	774	805	814	836
总库容 Total Storage	亿立方米	10^8m^3	6529	6617	6812	7166	7210	7117	7150	7410	7944	7979	8077
中型 Medium Reservoir	座	unit	3774	3799	3844	3890	3934	3954	3978	4098	4174	4192	4230
总库容 Total Storage	亿立方米	10^8m^3	1070	1075	1068	1096	1117	1126	1127	1179	1197	1199	1210
小型 Small Reservoir	座	unit	93260	93239	93437	93850	94129	94132	93390	93694	92057	90290	89811
总库容 Total Storage	亿立方米	10^8m^3	700	702	701	705	709	710	706	717	712	709	712
堤防 Embankment and Dyke	千米	km	276823	284425	291417	299322	306200	311932	320250	328121	331048	331638	325037
保护耕地面积 Protected Cultivated Area	千公顷	10^3hm^2	42573	42794	40844	41087	40946	41409	41903	42168	42192	41972	41748
保护人口 Protected Population	万人	10^4persons	57138	58584	58608	59468	60557	62837	64168	64591	65193	64284	63941
水闸 Water Gate	座	unit	98192	98686	103964	105283	103878	104403	103575	103474	100321	96348	94460
大型 Large Gate	座	unit	870	875	888	892	892	897	892	914	923	957	911
中型 Medium Gate	座	unit	6336	6360	6401	6473	6504	6534	6621	6697	6273	5951	5851
小型 Small Gate	座	unit	90986	91451	96675	97918	96482	96972	96062	95863	93125	89440	87698
除涝面积 Drainage Area	千公顷	10^3hm^2	21943	22369	22713	23067	23824	24262	24530	24586	24480	24129	25078

2-2 历年已建成水库数量、库容和耕地灌溉面积

Number, Storage Capacity and Effective Irrigated Area of Completed Reservoirs by Year

年份 Year	已建成水库 Completed Reservoirs			大型水库 Large Reservoir			中型水库 Medium Reservoir			小型水库 Small Reservoir		
	座数 /座 Number /unit	总库容 /亿立方米 Total Storage Capacity /$10^8 m^3$	耕地灌溉面积 /千公顷 Irrigated Farmland Area /$10^3 hm^2$	座数 /座 Number /unit	总库容 /亿立方米 Total Storage Capacity /$10^8 m^3$	耕地灌溉面积 /千公顷 Irrigated Farmland Area /$10^3 hm^2$	座数 /座 Number /unit	总库容 /亿立方米 Total Storage Capacity /$10^8 m^3$	耕地灌溉面积 /千公顷 Irrigated Farmland Area /$10^3 hm^2$	座数 /座 Number /unit	总库容 /亿立方米 Total Storage Capacity /$10^8 m^3$	耕地灌溉面积 /千公顷 Irrigated Farmland Area /$10^3 hm^2$
1984	84998	4292	15833	338	3068	6280	2387	658	4232	82273	566	5321
1985	83219	4301	15760	340	3076	6407	2401	661	4206	80478	564	5147
1986	82716	4432	15749	350	3199	6408	2115	666	4189	79951	567	5153
1987	82870	4475	15902	353	3233	6449	2428	672	4257	80089	570	5196
1988	82937	4504	15801	355	3252	6399	2462	681	4201	80120	571	5201
1989	82848	4617	15826	358	3357	6409	2480	688	4254	80010	572	5163
1990	83387	4660	15809	366	3397	6431	2499	690	4205	80522	573	5173
1991	83799	4678		367	3400		2524	698		80908	579	
1992	84130	4688		369	3407		2538	700		81223	580	
1993	84614	4717		374	3425		2562	707		81678	583	
1994	84558	4751		381	3456		2572	713		81605	582	
1995	84775	4797		387	3493		2593	719		81795	585	
1996	84905	4571		394	3260		2618	724		81893	587	
1997	84837	4583		397	3267		2634	729		81806	587	
1998	84944	4930		403	3595		2653	736		81888	598	
1999	85119	4499		400	3164		2681	743		82039	593	
2000	83260	5183		420	3843		2704	746		80136	593	
2001	83542	5280		433	3927		2736	758		80373	595	
2002	83960	5594		445	4230		2781	768		80734	596	
2003	84091	5657		453	4279		2827	783		80811	596	
2004	84363	5541		460	4147		2869	796		81034	598	
2005	84577	5623		470	4197		2934	826		81173	601	
2006	85249	5841		482	4379		3000	852		81767	610	
2007	85412	6345		493	4836		3110	883		81809	625	
2008	86353	6924		529	5386		3181	910		82643	628	
2009	87151	7064		544	5506		3259	921		83348	636	
2010	87873	7162		552	5594		3269	930		84052	638	
2011	88605	7201		567	5602		3346	954		84692	645	
2012	97543	8255		683	6493		3758	1064		93102	698	
2013	97721	8298		687	6529		3774	1070		93260	700	
2014	97735	8394		697	6617		3799	1075		93239	702	
2015	97988	8581		707	6812		3844	1068		93437	701	
2016	98460	8967		720	7166		3890	1096		93850	705	
2017	98795	9035		732	7210		3934	1117		94129	709	
2018	98822	8953		736	7117		3954	1126		94132	710	
2019	98112	8983		744	7150		3978	1127		93390	706	
2020	98566	9306		774	7410		4098	1179		93694	717	
2021	97036	9853		805	7944		4174	1197		92057	712	
2022	95296	9887		814	7979		4192	1199		90290	709	
2023	94877	9999		836	8077		4230	1210		89811	712	

2-3 2023 年已建成水库数量和库容（按地区分）

Number and Storage Capacity of Completed Reservoirs in 2023 (by Region)

地区 Region		已建成水库 Completed Reservoirs		大 型 水 库 Large Reservoir		中 型 水 库 Medium Reservoir		小 型 水 库 Small Reservoir	
		座数 /座 Number /unit	总库容 /亿立方米 Total Storage Capacity /10^8m^3	座数 /座 Number /unit	总库容 /亿立方米 Total Storage Capacity /10^8m^3	座数 /座 Number /unit	总库容 /亿立方米 Total Storage Capacity /10^8m^3	座数 /座 Number /unit	总库容 /亿立方米 Total Storage Capacity /10^8m^3
合 计	Total	94877	9999	836	8077	4230	1210	89811	712
北 京	Beijing	80	52	3	46	17	5	60	1
天 津	Tianjin	21	25.2	3	22	8	3	10	0.2
河 北	Hebei	1013	207	24	184	47	16	942	7
山 西	Shanxi	623	72	11	39	72	23	540	10
内蒙古	Inner Mongolia	472	214	18	172	89	33	365	9
辽 宁	Liaoning	745	374	37	344	78	21	630	9
吉 林	Jilin	1245	325	19	282	109	31	1117	12
黑龙江	Heilongjiang	794	207	30	158	101	35	663	14
上 海	Shanghai	5	6	1	5	1	0.1	3	0.3
江 苏	Jiangsu	935	35	6	13	45	12	884	10
浙 江	Zhejiang	4274	451	35	374	166	49	4073	28
安 徽	Anhui	5362	207	18	147	115	31	5229	29
福 建	Fujian	3569	204	22	123	199	52	3348	29
江 西	Jiangxi	10623	357	38	225	266	66	10319	66
山 东	Shandong	5531	185	38	94	230	57	5263	34
河 南	Henan	2540	438	28	384	123	34	2389	20
湖 北	Hubei	6751	1263	78	1131	290	82	6383	50
湖 南	Hunan	13245	547	53	377	362	99	12830	71
广 东	Guangdong	7293	453	41	298	338	94	6914	61
广 西	Guangxi	4507	761	66	641	241	72	4200	48
海 南	Hainan	1112	121	12	84	78	24	1022	13
重 庆	Chongqing	3085	130	19	82	118	29	2948	19
四 川	Sichuan	8281	764	60	634	254	79	7967	51
贵 州	Guizhou	2681	508	30	432	171	49	2480	27
云 南	Yunnan	7348	1181	56	1050	340	82	6952	49
西 藏	Xizang	145	44	9	35	23	8	113	1
陕 西	Shaanxi	1063	118	17	71	88	35	958	12
甘 肃	Gansu	355	115	10	93	46	15	299	7
青 海	Qinghai	206	367	15	359	21	5	170	3
宁 夏	Ningxia	328	26	1	6	37	12	290	8
新 疆	Xinjiang	645	242	38	172	157	57	450	13

2-4　2023年已建成水库数量和库容（按水资源分区分）

Number and Storage Capacity of Completed Reservoirs in 2023
(by Water Resources Sub-region)

水资源 一级区	Grade-I Water Resources Regions	已建成水库 Completed Reservoirs		大 型 水 库 Large Reservoir		中 型 水 库 Medium Reservoir		小 型 水 库 Small Reservoir	
		座数 /座 Number /unit	总库容 /亿立方米 Total Storage Capacity /10⁸m³	座数 /座 Number /unit	总库容 /亿立方米 Total Storage Capacity /10⁸m³	座数 /座 Number /unit	总库容 /亿立方米 Total Storage Capacity /10⁸m³	座数 /座 Number /unit	总库容 /亿立方米 Total Storage Capacity /10⁸m³
合　计	**Total**	**94877**	**9999**	**836**	**8077**	**4230**	**1210**	**89811**	**712**
松花江区	Songhua River	1954	598	52	507	202	66	1700	25
辽河区	Liaohe River	1042	492	48	439	131	40	863	14
海河区	Haihe River	1600	338	37	273	163	47	1400	17
黄河区	Yellow River	2837	868	44	746	241	82	2552	40
淮河区	Huaihe River	8657	403	61	270	298	79	8298	54
长江区	Yangtze River	51820	4674	339	3883	1709	465	49772	326
东南诸河区	Southeast Rivers	7713	644	52	489	354	99	7307	56
珠江区	Pearl River	17004	1620	145	1233	831	236	16028	151
西南诸河区	Southwest Rivers	1291	88	13	52	101	27	1177	10
西北诸河区	Northwest Rivers	959	273	45	185	200	70	714	19

2-5 2023 年已建成水库数量和库容（按水资源分区和地区分）

Number and Storage Capacity of Completed Reservoirs in 2023
(by Water Resources Sub-region and Region)

地区	Region	已建成水库 Completed Reservoirs		大型水库 Large Reservoir		中型水库 Medium Reservoir		小型水库 Small Reservoir	
		座数/座 Number /unit	总库容/亿立方米 Total Storage Capacity /10⁸m³	座数/座 Number /unit	总库容/亿立方米 Total Storage Capacity /10⁸m³	座数/座 Number /unit	总库容/亿立方米 Total Storage Capacity /10⁸m³	座数/座 Number /unit	总库容/亿立方米 Total Storage Capacity /10⁸m³
松花江区	**Songhua River**	**1954**	**598**	**52**	**507**	**202**	**66**	**1700**	**25**
内蒙古	Inner Mongolia	63	133	5	124	16	7	42	1
吉 林	Jilin	1097	259	17	225	85	24	995	10
黑龙江	Heilongjiang	794	206	30	158	101	35	663	14
辽河区	**Liaohe River**	**1042**	**492**	**48**	**439**	**131**	**40**	**863**	**14**
内蒙古	Inner Mongolia	158	52	9	38	29	11	120	3
辽 宁	Liaoning	736	374	37	344	78	21	621	9
吉 林	Jilin	148	66	2	57	24	7	122	2
海河区	**Haihe River**	**1600**	**338**	**37**	**273**	**163**	**47**	**1400**	**17**
北 京	Beijing	80	52	3	46	17	5	60	1
天 津	Tianjin	21	25	3	22	8	3	10	0.2
河 北	Hebei	1013	208	24	184	47	16	942	7
山 西	Shanxi	276	27	4	13	36	10	236	4
内蒙古	Inner Mongolia	23	2	1	1	4	1	18	0.2
辽 宁	Liaoning	9	0.1					9	0.1
山 东	Shandong	80	10			33	7	47	3
河 南	Henan	98	13	2	7	18	5	78	1
黄河区	**Yellow River**	**2837**	**868**	**44**	**746**	**241**	**82**	**2552**	**40**
山 西	Shanxi	347	44	7	26	36	13	304	5
内蒙古	Inner Mongolia	129	20	2	6	26	11	101	3
山 东	Shandong	894	18	3	4	32	8	859	5
河 南	Henan	299	263	7	254	20	4	272	5
四 川	Sichuan	9	0.2					9	0.2
陕 西	Shaanxi	520	49	7	17	62	25	451	8
甘 肃	Gansu	156	86	4	78	15	5	137	3
青 海	Qinghai	155	361	13	355	13	4	129	2
宁 夏	Ningxia	328	26	1	6	37	12	290	8
淮河区	**Huaihe River**	**8657**	**403**	**61**	**270**	**298**	**79**	**8298**	**54**
江 苏	Jiangsu	420	20	3	9	19	6	398	5
安 徽	Anhui	2018	92	7	64	59	17	1952	11
山 东	Shandong	4557	157	35	90	165	42	4357	26
河 南	Henan	1662	133	16	107	55	15	1591	12

2-5 续表 continued

地区	Region	已建成水库 Completed Reservoirs		大 型 水 库 Large Reservoir		中 型 水 库 Medium Reservoir		小 型 水 库 Small Reservoir	
		座数 /座 Number /unit	总库容 /亿立方米 Total Storage Capacity /10^{8}m^3	座数 /座 Number /unit	总库容 /亿立方米 Total Storage Capacity /10^{8}m^3	座数 /座 Number /unit	总库容 /亿立方米 Total Storage Capacity /10^{8}m^3	座数 /座 Number /unit	总库容 /亿立方米 Total Storage Capacity /10^{8}m^3
长江区	**Yangtze River**	**51820**	**4674**	**339**	**3883**	**1709**	**465**	**49772**	**326**
上 海	Shanghai	5	6	1	5	1	0.1	3	0.3
江 苏	Jiangsu	515	15	3	3	26	6	486	5
浙 江	Zhejiang	265	15	6	9	15	4	244	1
安 徽	Anhui	3209	111	10	81	52	14	3147	17
江 西	Jiangxi	10623	357	38	225	266	66	10319	66
河 南	Henan	481	28	3	16	30	9	448	3
湖 北	Hubei	6751	1262	78	1131	290	82	6383	50
湖 南	Hunan	13063	543	52	376	357	98	12654	70
广 西	Guangxi	149	9	2	3	13	4	134	1
重 庆	Chongqing	3085	130	19	82	118	29	2948	19
四 川	Sichuan	8272	764	60	634	254	79	7958	51
贵 州	Guizhou	2017	334	22	279	119	35	1876	20
云 南	Yunnan	2807	1023	33	976	132	29	2642	18
西 藏	Xizang								
陕 西	Shaanxi	543	68	10	54	26	10	507	4
甘 肃	Gansu	27	10	2	8	8	2	17	0.5
青 海	Qinghai	8	1			2	0.3	6	0.3
东南诸河区	**Southeast Rivers**	**7713**	**644**	**52**	**489**	**354**	**99**	**7307**	**56**
浙 江	Zhejiang	4009	436	29	364	151	45	3829	27
安 徽	Anhui	135	4	1	2	4	1	130	0.7
福 建	Fujian	3569	205	22	123	199	52	3348	29
珠江区	**Pearl River**	**17004**	**1620**	**145**	**1233**	**831**	**236**	**16028**	**151**
湖 南	Hunan	182	4	1	1	5	1	176	1
广 东	Guangdong	7293	454	41	298	338	94	6914	61
广 西	Guangxi	4358	753	64	638	228	68	4066	47
海 南	Hainan	1112	122	12	84	78	24	1022	13
贵 州	Guizhou	664	174	8	153	52	14	604	7
云 南	Yunnan	3395	114	19	58	130	34	3246	21
西南诸河区	**Southwest Rivers**	**1291**	**88**	**13**	**52**	**101**	**27**	**1177**	**10**
云 南	Yunnan	1146	44	4	17	78	18	1064	9
西 藏	Xizang	145	45	9	35	23	8	113	1
青 海	Qinghai								
西北诸河区	**Northwest Rivers**	**959**	**273**	**45**	**185**	**200**	**70**	**714**	**19**
内蒙古	Inner Mongolia	99	8	1	3	14	3	84	2
甘 肃	Gansu	172	18	4	7	23	8	145	3
青 海	Qinghai	43	7	2	4	6	2	35	1
新 疆	Xinjiang	645	242	38	171	157	57	450	14

2-6　历年堤防长度、保护耕地、保护人口和达标长度

Length of Embankment and Dyke, Protected Farmland and Population, Length of Up-to-standard Embankment and Dyke by Year

年份 Year	长度 /千米 Length /km	保护耕地 面积 /千公顷 Protected Cultivated Area /10³hm²	保护人口 /万人 Protected Population /10⁴ persons	累计达标 堤防长度 /千米 Accumulated Length of Up-to-standard Embankment and Dyke /km	#1级、2级 堤防/千米 Grade-I and Grade-II Embankment and Dyke/km	新增达标 堤防长度 /千米 Newly-increased Length of Up-to-standard Embankment and Dyke /km	主要堤防 Key Embankment and Dyke 长度 /千米 Length /km	保护耕地面积 /千公顷 Protected Cultivated Area /10³hm²	一般堤防 General Embankment and Dyke 长度 /千米 Length /km	保护耕地面积 /千公顷 Protected Cultivated Area /10³hm²
1983	175499	33882					46125	22335	129374	11547
1984	178958	35459					53046	22912	125912	12547
1985	177048	31060					53739	20714	123309	10346
1986	185045	31665					55706	21279	129339	10387
1987	200175	32205					56067	21131	144108	11073
1988	203709	32330					56267	21115	147442	11215
1989	216979	31966					56634	20785	160345	11180
1990	225770	31616					57499	20954	168271	10661
1991	237746	29507					59536	18257	178210	11251
1992	242246	29565					60112	18521	182134	11044
1993	245130	30885					61140	18639	183990	12246
1994	245876	30246					61803	18337	184073	11910
1995	246680	30609					63423	18777	183257	11833
1996	248243	32686					64706	21638	183537	11048
1997	250815	40476					65729	26982	185086	13493
1998	258600	36289					69879	24840	188721	11449
1999	266278	38575					74021	26014	192257	12561
2000	270364	39595	46586				76769	27458	193595	12137
2001	273401	40671	47939	76532	15875	8369				
2002	273786	42862	50049	82395	21181	11426				
2003	275171	43875	51304	88030	22854	5634				
2004	277305	43934	53065	94634	22679	6647				
2005	277450	44121	54174	98147	23240	3856				
2006	280850	45486	55403	106334	23609	5883				
2007	283770	45518	56487	109349	24347	4243				
2008	286896	45712	57289	112837	25309	5115				
2009	291420	46547	58978	116739	26256	4515				
2010	294104	46831	59853	121440	27865	4697				
2011	299911	42625	57216	128557	28419	7413				
2012	271661	42597	56566	177490	27949	11080				
2013	276823	42573	57138	179763	29452	9170				
2014	284425	42794	58584	188681	30382	9098				
2015	291417	40844	58608	196536	31164	8005				
2016	299322	41087	59468	201124	32266	6733				
2017	306200	40946	60557	210286	33381	9114				
2018	311932	41409	62837	217607	33983	8439				
2019	320250	41903	64168	227312	35267	9533				
2020	328121	42168	64591	239633	36882	8282				
2021	331048	42192	65193	247880	37634	8767				
2022	331638	41972	64284	252303	37736	6886				
2023	325037	41748	63941	256741	39668	8043				

2-7 2023 年堤防长度、保护耕地、保护人口和达标长度（按地区分）

Length of Embankment and Dyke, Protected Farmland and Population, Length of Up-to-standard Embankment and Dyke in 2023 (by Region)

地区 Region	长度 /千米 Length /km	保护耕地面积 /千公顷 Protected Cultivated Area /10³hm²	保护人口 /万人 Protected Population /10⁴persons	累计达标 堤防长度 /千米 Accumulated Length of Up-to-standard Embankment and Dyke /km	#1级、2级 堤防/千米 Grade-Ⅰ and Grade-Ⅱ Embankment and Dyke /km	新增达标 堤防长度 /千米 Newly-increased Length of Up-to-standard Embankment and Dyke /km
合　计　Total	325037	41748	63941	256741	39668	8043
北　京　Beijing	1781	209	437	1425	589	0.2
天　津　Tianjin	2165	330	1363	1024	767	
河　北　Hebei	11517	2939	3212	5806	1760	625
山　西　Shanxi	8222	731	1087	6716	541	351
内蒙古　Inner Mongolia	7459	1798	1341	5961	1423	104
辽　宁　Liaoning	10417	1477	2089	9145	2135	31
吉　林　Jilin	8593	1380	1071	6137	1474	677
黑龙江　Heilongjiang	14561	3584	1260	9992	2135	24
上　海　Shanghai	1526	161	2487	1526	1266	
江　苏　Jiangsu	51253	2912	5488	43820	5672	101
浙　江　Zhejiang	19966	827	3277	17909	1639	269
安　徽　Anhui	20408	2845	3455	14842	2885	322
福　建　Fujian	6328	524	1814	4825	399	207
江　西　Jiangxi	11189	1060	2231	9717	443	74
山　东　Shandong	18606	3826	4255	16329	4064	32
河　南　Henan	17445	3596	4757	11862	1555	183
湖　北　Hubei	15824	2760	3504	9715	2916	68
湖　南　Hunan	13063	1141	2584	7419	1644	269
广　东　Guangdong	17626	1105	5788	12405	3256	
广　西　Guangxi	3591	363	1385	2691	188	105
海　南　Hainan	788	127	364	544	67	
重　庆　Chongqing	3589	230	1144	3351	174	223
四　川　Sichuan	8617	978	2862	8064	368	615
贵　州　Guizhou	5157	440	1017	4887	241	420
云　南　Yunnan	10989	740	1333	9782	164	721
西　藏　Xizang	3982	1029	121	3269	140	638
陕　西　Shaanxi	6839	655	1251	6224	1061	273
甘　肃　Gansu	10870	602	1106	9427	426	846
青　海　Qinghai	3146	104	158	2994	145	368
宁　夏　Ningxia	953	192	231	896		
新　疆　Xinjiang	8568	3081	1469	8038	130	496

2-8 2023 年堤防长度、保护耕地、保护人口和达标长度
（按水资源分区分）

Length of Embankment and Dyke, Protected Farmland and Population, Length of Up-to-standard Embankment and Dyke in 2023
(by Water Resources Sub-region)

水资源 一级区	Grade-I Water Resources Regions	长度 /千米 Length /km	保护耕地面积 /千公顷 Protected Cultivated Area /10³hm²	保护人口 /万人 Protected Population /10⁴ persons	累计达标 堤防长度 /千米 Accumulated Length of Up-to-standard Embankment and Dyke /km	#1 级、2 级 堤防/千米 Grade-I and Grade-II Embankment and Dyke /km	新增达标 堤防长度 /千米 Newly-increased Length of Up-to-standard Embankment and Dyke /km
合 计	**Total**	**325037**	**41748**	**63941**	**256741**	**39668**	**8043**
松花江区	Songhua River	23903	5116	2523	17082	3757	712
辽河区	Liaohe River	13975	2239	2718	11587	2810	107
海河区	Haihe River	22929	5067	6760	14046	4762	766
黄河区	Yellow River	26233	2988	3978	23418	3118	1401
淮河区	Huaihe River	70700	9058	11113	57226	8478	127
长江区	Yangtze River	101484	9426	21791	79816	11183	2473
东南诸河区	Southeast Rivers	18313	1151	4384	15305	1558	482
珠江区	Pearl River	26244	1850	8063	19320	3529	315
西南诸河区	Southwest Rivers	9011	1403	745	8061	190	932
西北诸河区	Northwest Rivers	12246	3449	1865	10880	283	729

2-9　2023 年堤防长度、保护耕地、保护人口和达标长度
（按水资源分区和地区分）

Length of Embankment and Dyke, Protected Farmland and Population,
Length of Up-to-standard Embankment and Dyke in 2023
(by Water Resources Sub-region and Region)

地区 Region		长度 /千米 Length /km	保护耕地面积 /千公顷 Protected Cultivated Area /10³hm²	保护人口 /万人 Protected Population /10⁴persons	累计达标 堤防长度 /千米 Accumulated Length of Up-to-standard Embankment and Dyke /km	#1级、2级 堤防/千米 Grade-I and Grade-II Embankment and Dyke /km	新增达标 堤防长度 /千米 Newly-increased Length of Up-to-standard Embankment and Dyke /km
松花江区	**Songhua River**	**23903**	**5116**	**2523**	**17082**	**3757**	**712**
内蒙古	Inner Mongolia	1569	389	373	1524	253	32
吉　林	Jilin	7773	1143	889	5565	1369	656
黑龙江	Heilongjiang	14561	3584	1260	9992	2135	24
辽河区	**Liaohe River**	**13975**	**2239**	**2718**	**11587**	**2810**	**107**
内蒙古	Inner Mongolia	2751	525	448	1884	574	54
辽　宁	Liaoning	10403	1477	2089	9132	2132	31
吉　林	Jilin	820	237	181	571	104	21
海河区	**Haihe River**	**22929**	**5067**	**6760**	**14046**	**4762**	**766**
北　京	Beijing	1781	209	437	1425	589	0.2
天　津	Tianjin	2165	330	1363	1024	767	
河　北	Hebei	11517	2939	3212	5806	1760	625
山　西	Shanxi	2652	229	323	2019	245	90
内蒙古	Inner Mongolia	78	3	29	75		
辽　宁	Liaoning	13		0.3	13	3	
山　东	Shandong	3478	1025	904	2927	1210	
河　南	Henan	1244	333	492	756	188	50
黄河区	**Yellow River**	**26233**	**2988**	**3978**	**23418**	**3118**	**1401**
山　西	Shanxi	5570	503	763	4697	296	261
内蒙古	Inner Mongolia	2586	859	420	2064	597	3
山　东	Shandong	607	181	217	511	9	
河　南	Henan	3174	442	644	2628	911	48
四　川	Sichuan	211	2.3	12	210		123
陕　西	Shaanxi	4217	493	904	3927	928	150
甘　肃	Gansu	6452	269	690	6055	280	532
青　海	Qinghai	2463	46	97	2430	97	284
宁　夏	Ningxia	953	192	231	896		
淮河区	**Huaihe River**	**70700**	**9058**	**11113**	**57226**	**8478**	**127**
江　苏	Jiangsu	35322	1985	2681	29147	3347	30
安　徽	Anhui	8924	1904	2060	7610	1835	8
山　东	Shandong	14521	2620	3133	12890	2846	32
河　南	Henan	11932	2548	3239	7579	451	57

2-9 续表 continued

地区 Region	长度 /千米 Length /km	保护耕地面积 /千公顷 Protected Cultivated Area /10³hm²	保护人口 /万人 Protected Population /10⁴persons	累计达标 堤防长度 /千米 Accumulated Length of Up-to-standard Embankment and Dyke /km	#1级、2级 堤防/千米 Grade-I and Grade-II Embankment and Dyke /km	新增达标 堤防长度 /千米 Newly-increased Length of Up-to-standard Embankment and Dyke /km
长江区 **Yangtze River**	**101484**	**9426**	**21791**	**79816**	**11183**	**2473**
上　海 Shanghai	1526	161	2487	1526	1266	
江　苏 Jiangsu	15930	927	2807	14673	2325	71
浙　江 Zhejiang	8149	208	719	7596	480	
安　徽 Anhui	11316	935	1384	7065	1050	308
江　西 Jiangxi	11189	1060	2231	9717	443	74
河　南 Henan	1095	273	383	899	6	28
湖　北 Hubei	15824	2760	3504	9715	2916	68
湖　南 Hunan	12940	1125	2534	7300	1644	263
广　西 Guangxi	90	26	60	80		
重　庆 Chongqing	3589	230	1144	3351	174	223
四　川 Sichuan	8406	976	2850	7854	368	492
贵　州 Guizhou	3518	323	812	3324	228	337
云　南 Yunnan	3248	216	380	2764	94	285
西　藏 Xizang	210	2	6	210	16	21
陕　西 Shaanxi	2622	162	347	2297	133	124
甘　肃 Gansu	1790	43	136	1429	41	177
青　海 Qinghai	43	0.1	8	18		2
东南诸河区 **Southeast Rivers**	**18313**	**1151**	**4384**	**15305**	**1558**	**482**
浙　江 Zhejiang	11816	620	2559	10312	1159	269
安　徽 Anhui	168	7	12	168		5
福　建 Fujian	6328	524	1814	4825	399	207
珠江区 **Pearl River**	**26244**	**1850**	**8063**	**19320**	**3529**	**315**
湖　南 Hunan	123	16	50	119		6
广　东 Guangdong	17626	1105	5788	12405	3256	
广　西 Guangxi	3502	338	1325	2611	188	105
海　南 Hainan	788	127	364	544	67	
贵　州 Guizhou	1640	117	205	1563	13	83
云　南 Yunnan	2566	148	332	2077	5	120
西南诸河区 **Southwest Rivers**	**9011**	**1403**	**745**	**8061**	**190**	**932**
云　南 Yunnan	5174	376	622	4940	66	315
西　藏 Xizang	3773	1027	115	3060	124	617
青　海 Qinghai	65		9	62		
西北诸河区 **Northwest Rivers**	**12246**	**3449**	**1865**	**10880**	**283**	**729**
内蒙古 Inner Mongolia	475	22	71	414		14
甘　肃 Gansu	2628	289	280	1943	105	136
青　海 Qinghai	575	57	45	486	48	83
新　疆 Xinjiang	8568	3081	1469	8038	130	496

2-10 历 年 水 闸 数 量
Number of Water Gates by Year

单位：座

年份 Year	合计 Total	按过闸流量大小分 Classified According to Flow			按作用分 Classified According to Functions				
		大型 Large Gate	中型 Medium Gate	小型 Small Gate	分洪闸 Flood Diversion Gate	节制闸 Control Gate	排水闸 Drainage Gate	引水闸 Water Diversion Gate	挡潮闸 Tide Gate
1982	24906	253	1949	22704					
1983	24980	263	1912	22805					
1984	24862	290	1941	22631					
1985	24816	294	1957	22565					
1986	25315	299	2032	22984					
1987	26131	299	2060	23772					
1988	26319	300	2060	23959					
1989	26739	308	2086	24345					
1990	27649	316	2126	25207					
1991	29390	320	2228	26842					
1992	30571	322	2296	27953					
1993	30730	325	2676	27729					
1994	31097	320	2740	28037					
1995	31434	333	2794	28307					
1996	31427	333	2821	28273					
1997	31697	340	2836	28521					
1998	31742	353	2910	28479					
1999	32918	359	3025	29534					
2000	33702	402	3115	30185					
2001	36875	410							
2002	39144	431							
2003	39834	416							
2004	39313	413							
2005	39839	405							
2006	41209	426	3495	37288					
2007	41110	438	3531	37141	2656	11663	14288	7562	4941
2008	41626	504	4182	36940	2647	11904	14381	7686	5008
2009	42523	565	4661	37297	2672	12824	14488	7895	4644
2010	43300	567	4692	38041	2797	12951	14676	8182	4694
2011	44306	599	4767	38942	2878	13313	14937	8427	4751
2012	97256	862	6308	90086	7962	55297	17229	10955	5813
2013	98192	870	6336	90986	7985	55758	17509	11106	5834
2014	98686	875	6360	91451	7993	56157	17581	11124	5831
2015	103964	888	6401	96675	10817	54687	18800	14296	5364
2016	105283	892	6473	97918	10557	57013	18210	14350	5153
2017	103878	892	6504	96482	8363	57670	18280	14435	5130
2018	104403	897	6534	96972	8373	57972	18355	14570	5133
2019	103575	892	6621	96062	8293	57831	18449	13830	5172
2020	103474	914	6697	95863	8249	57942	18345	13829	5109
2021	100321	923	6273	93125	8193	55569	17808	13796	4955
2022	96348	957	5951	89440	7621	53892	17158	13066	4611
2023	94460	911	5851	87698	7300	53320	16857	12461	4522

2-11 2023 年水闸数量（按地区分）

Number of Water Gates in 2023 (by Region)

单位：座

地区	Region	合计 Total	按过闸流量大小分 Classified According to Flow			按作用分 Classified According to Functions				
			大型 Large Gate	中型 Medium Gate	小型 Small Gate	分洪闸 Flood Diversion Gate	节制闸 Control Gate	排水闸 Drainage Gate	引水闸 Water Diversion Gate	挡潮闸 Tide Gate
合 计	Total	94460	911	5851	87698	7300	53320	16857	12461	4522
北 京	Beijing	425	12	63	350	13	402	5	5	
天 津	Tianjin	1545	13	52	1480	34	751	227	521	12
河 北	Hebei	2742	22	277	2443	191	1562	448	506	35
山 西	Shanxi	717	3	32	682	61	429	98	129	
内蒙古	Inner Mongolia	1743	7	110	1626	264	945	60	474	
辽 宁	Liaoning	1229	40	128	1061	69	444	204	454	58
吉 林	Jilin	496	23	71	402	70	224	98	104	
黑龙江	Heilongjiang	1629	26	185	1418	238	442	604	345	
上 海	Shanghai	2644		71	2573	1	2589			54
江 苏	Jiangsu	21703	41	512	21150	298	16049	2561	2648	147
浙 江	Zhejiang	8843	18	395	8430	328	5483	1219	278	1535
安 徽	Anhui	4686	72	360	4254	593	2047	1243	803	
福 建	Fujian	1538	29	225	1284	393	269	398	70	408
江 西	Jiangxi	3132	23	232	2877	865	1207	802	258	
山 东	Shandong	2974	93	455	2426	153	1921	426	454	20
河 南	Henan	4091	40	337	3714	179	1780	1429	703	
湖 北	Hubei	6791	25	188	6578	658	2897	1910	1326	
湖 南	Hunan	8081	169	577	7335	643	6210	622	606	
广 东	Guangdong	7959	108	627	7224	776	1427	3343	368	2045
广 西	Guangxi	1166	45	137	984	197	236	403	126	204
海 南	Hainan	203	3	27	173	54	87	32	26	4
重 庆	Chongqing	64	2	27	35	13	23		28	
四 川	Sichuan	1345	49	101	1195	368	687	56	234	
贵 州	Guizhou	16	1	2	13		1	3	12	
云 南	Yunnan	1716	4	188	1524	103	1352	39	222	
西 藏	Xizang	43	1	6	36	5	16		22	
陕 西	Shaanxi	623	10	22	591	78	199	160	186	
甘 肃	Gansu	1291	2	61	1228	182	842	93	174	
青 海	Qinghai	123	2	24	97	3	23	10	87	
宁 夏	Ningxia	376		16	360	36	186	99	55	
新 疆	Xinjiang	4526	28	343	4155	434	2590	265	1237	

2-12 2023 年水闸数量（按水资源分区分）

Number of Water Gates in 2023 (by Water Resources Sub-region)

单位：座
unit: unit

水资源 一级区	Grade-I Water Resources Regions	合计 Total	按过闸流量大小分 Classified According to Flow			按作用分 Classified According to Functions				
			大型 Large Gate	中型 Medium Gate	小型 Small Gate	分洪闸 Flood Diversion Gate	节制闸 Control Gate	排水闸 Drainage Gate	引水闸 Water Diversion Gate	挡潮闸 Tide Gate
合　计	**Total**	**94460**	**911**	**5851**	**87698**	**7300**	**53320**	**16857**	**12461**	**4522**
松花江区	Songhua River	2232	47	260	1925	309	713	720	490	
辽河区	Liaohe River	1938	45	198	1695	266	780	222	612	58
海河区	Haihe River	6771	59	538	6174	372	3767	1098	1481	53
黄河区	Yellow River	2915	19	150	2746	232	1512	494	677	
淮河区	Huaihe River	22163	203	1206	20754	559	13964	4264	3234	142
长江区	Yangtze River	36174	297	1615	34262	3266	24659	4725	3449	75
东南诸河区	Southeast Rivers	6017	46	583	5388	630	1927	1194	325	1941
珠江区	Pearl River	10130	163	868	9099	1078	2329	3808	662	2253
西南诸河区	Southwest Rivers	234	2	32	200	21	162	10	41	
西北诸河区	Northwest Rivers	5886	30	401	5455	567	3507	322	1490	

2-13 2023 年水闸数量（按水资源分区和地区分）

Number of Water Gates in 2023 (by Water Resources Sub-region and Region)

单位：座   unit: unit

地区	Region	合计 Total	按过闸流量大小分 Classified According to Flow			按作用分 Classified According to Functions				
			大型 Large Gate	中型 Medium Gate	小型 Small Gate	分洪闸 Flood Diversion Gate	节制闸 Control Gate	排水闸 Drainage Gate	引水闸 Water Diversion Gate	挡潮闸 Tide Gate
松花江区	**Songhua River**	**2232**	**47**	**260**	**1925**	**309**	**713**	**720**	**490**	
内蒙古	Inner Mongolia	164		18	146	10	76	27	51	
吉 林	Jilin	439	21	57	361	61	195	89	94	
黑龙江	Heilongjiang	1629	26	185	1418	238	442	604	345	
辽河区	**Liaohe River**	**1938**	**45**	**198**	**1695**	**266**	**780**	**222**	**612**	**58**
内蒙古	Inner Mongolia	666	6	59	601	188	307	9	162	
辽 宁	Liaoning	1215	37	125	1053	69	444	204	440	58
吉 林	Jilin	57	2	14	41	9	29	9	10	
海河区	**Haihe River**	**6771**	**59**	**538**	**6174**	**372**	**3767**	**1098**	**1481**	**53**
北 京	Beijing	425	12	63	350	13	402	5	5	
天 津	Tianjin	1545	13	52	1480	34	751	227	521	12
河 北	Hebei	2742	22	277	2443	191	1562	448	506	35
山 西	Shanxi	417		11	406	36	227	60	94	
内蒙古	Inner Mongolia	2			2				2	
辽 宁	Liaoning	14	3	3	8				14	
山 东	Shandong	1158	8	102	1048	37	608	267	240	6
河 南	Henan	468	1	30	437	61	217	91	99	
黄河区	**Yellow River**	**2915**	**19**	**150**	**2746**	**232**	**1512**	**494**	**677**	
山 西	Shanxi	300	3	21	276	25	202	38	35	
内蒙古	Inner Mongolia	731	1	29	701	49	450	23	209	
山 东	Shandong	78	3	6	69	3	34	21	20	
河 南	Henan	764	5	37	722	22	420	155	167	
四 川	Sichuan									
陕 西	Shaanxi	434	5	10	419	28	160	111	135	
甘 肃	Gansu	197		8	189	66	45	44	42	
青 海	Qinghai	35	2	23	10	3	15	3	14	
宁 夏	Ningxia	376		16	360	36	186	99	55	
淮河区	**Huaihe River**	**22163**	**203**	**1206**	**20754**	**559**	**13964**	**4264**	**3234**	**142**
江 苏	Jiangsu	15066	37	331	14698	156	10296	2298	2188	128
安 徽	Anhui	2796	51	271	2474	214	1368	735	479	
山 东	Shandong	1738	82	347	1309	113	1279	138	194	14
河 南	Henan	2563	33	257	2273	76	1021	1093	373	

2-13　续表　continued

地区 Region		合计 Total	按过闸流量大小分 Classified According to Flow			按作用分 Classified According to Functions				
			大型 Large Gate	中型 Medium Gate	小型 Small Gate	分洪闸 Flood Diversion Gate	节制闸 Control Gate	排水闸 Drainage Gate	引水闸 Water Diversion Gate	挡潮闸 Tide Gate
长江区	**Yangtze River**	**36174**	**297**	**1615**	**34262**	**3266**	**24659**	**4725**	**3449**	**75**
上　海	Shanghai	2644		71	2573	1	2589			54
江　苏	Jiangsu	6637	4	181	6452	142	5753	263	460	19
浙　江	Zhejiang	4364	1	37	4326	91	3825	423	23	2
安　徽	Anhui	1890	21	89	1780	379	679	508	324	
江　西	Jiangxi	3132	23	232	2877	865	1207	802	258	
河　南	Henan	296	1	13	282	20	122	90	64	
湖　北	Hubei	6791	25	188	6578	658	2897	1910	1326	
湖　南	Hunan	8067	164	569	7334	642	6197	622	606	
广　西	Guangxi	1	1				1			
重　庆	Chongqing	64	2	27	35	13	23		28	
四　川	Sichuan	1345	49	101	1195	368	687	56	234	
贵　州	Guizhou	12	1		11				12	
云　南	Yunnan	740		95	645	37	640	2	61	
西　藏	Xizang									
陕　西	Shaanxi	189	5	12	172	50	39	49	51	
甘　肃	Gansu									
青　海	Qinghai	2			2				2	
东南诸河区	**Southeast Rivers**	**6017**	**46**	**583**	**5388**	**630**	**1927**	**1194**	**325**	**1941**
浙　江	Zhejiang	4479	17	358	4104	237	1658	796	255	1533
安　徽	Anhui									
福　建	Fujian	1538	29	225	1284	393	269	398	70	408
珠江区	**Pearl River**	**10130**	**163**	**868**	**9099**	**1078**	**2329**	**3808**	**662**	**2253**
湖　南	Hunan	14	5	8	1	1	13			
广　东	Guangdong	7959	108	627	7224	776	1427	3343	368	2045
广　西	Guangxi	1165	44	137	984	197	235	403	126	204
海　南	Hainan	203	3	27	173	54	87	32	26	4
贵　州	Guizhou	4		2	2		1	3		
云　南	Yunnan	785	3	67	715	50	566	27	142	
西南诸河区	**Southwest Rivers**	**234**	**2**	**32**	**200**	**21**	**162**	**10**	**41**	
云　南	Yunnan	191	1	26	164	16	146	10	19	
西　藏	Xizang	43	1	6	36	5	16		22	
青　海	Qinghai									
西北诸河区	**Northwest Rivers**	**5886**	**30**	**401**	**5455**	**567**	**3507**	**322**	**1490**	
内蒙古	Inner Mongolia	180		4	176	17	112	1	50	
甘　肃	Gansu	1094	2	53	1039	116	797	49	132	
青　海	Qinghai	86		1	85		8	7	71	
新　疆	Xinjiang	4526	28	343	4155	434	2590	265	1237	

2-14 历 年 水 旱 灾 害

Flood and Drought Disasters by Year

年份 Year	洪 灾 Flood Disasters							旱 灾 Drought Disasters		
	农作物受灾面积 /千公顷 Cropland Area Affected by Flood /10³hm²	农作物成灾面积 /千公顷 Cropland Area Damaged by Flood /10³hm²	成灾率 /% Percentage of Damaged Area /%	受灾人口 /万人 Affected Population /10⁴persons	死亡人口 /人 Death Toll /person	直接经济 损失/亿元 Total Direct Economic Losses /10⁸yuan	水利设施经济 损失/亿元 Economic Loss of Water Facilities /10⁸yuan	农作物受灾 面积/千公顷 Cropland Area Affected by Drought /10³hm²	农作物成灾 面积/千公顷 Cropland Area Damaged by Drought /10³hm²	成灾率 /% Percentage of Damaged Area /%
1950	6559	4710	71.8		1982			2398	589	24.6
1951	4173	1476	35.4		7819			7829	2299	29.4
1952	2794	1547	55.4		4162			4236	2565	60.6
1953	7187	3285	45.7		3308			8616	1341	15.6
1954	16131	11305	70.1		42447			2988	560	18.7
1955	5247	3067	58.5		2718			13433	4024	30.0
1956	14377	10905	75.9		10676			3127	2051	65.6
1957	8083	6032	74.6		4415			17205	7400	43.0
1958	4279	1441	33.7		3642			22361	5031	22.5
1959	4813	1817	37.8		4540			33807	11173	33.1
1960	10155	4975	49.0		6033			38125	16177	42.4
1961	8910	5356	60.1		5074			37847	18654	49.3
1962	9810	6318	64.4		4350			20808	8691	41.8
1963	14071	10479	74.5		10441			16865	9021	53.5
1964	14933	10038	67.2		4288			4219	1423	33.7
1965	5587	2813	50.3		1906			13631	8107	59.5
1966	2508	950	37.9		1901			20015	8106	40.5
1967	2599	1407	54.1		1095			6764	3065	45.3
1968	2670	1659	62.1		1159			13294	7929	59.6
1969	5443	3265	60.0		4667			7624	3442	45.1
1970	3129	1234	39.4		2444			5723	1931	33.7
1971	3989	1481	37.1		2323			25049	5319	21.2
1972	4083	1259	30.8		1910			30699	13605	44.3
1973	6235	2577	41.3		3413			27202	3928	14.4
1974	6431	2737	42.6		1849			25553	2296	9.0
1975	6817	3467	50.9		29653			24832	5318	21.4
1976	4197	1329	31.7		1817			27492	7849	28.5
1977	9095	4989	54.9		3163			29852	7005	23.5
1978	2820	924	32.8		1796			40169	17969	44.7
1979	6775	2870	42.4		3446			24646	9316	37.8
1980	9146	5025	54.9		3705			26111	12485	47.8
1981	8625	3973	46.1		5832			25693	12134	47.2

2-14 续表 continued

年份 Year	洪 灾 Flood Disasters							旱 灾 Drought Disasters		
	农作物受灾面积/千公顷 Cropland Area Affected by Flood /10^3hm²	农作物成灾面积/千公顷 Cropland Area Damaged by Flood /10^3hm²	成灾率/% Percentage of Damaged Area /%	受灾人口/万人 Affected Population /10^4persons	死亡失踪人口/人 Death and missing /person	直接经济损失/亿元 Total Direct Economic Losses /10^8yuan	水利设施经济损失/亿元 Economic Loss of Water Facilities /10^8yuan	农作物受灾面积/千公顷 Cropland Area Affected by Drought /10^3hm²	农作物成灾面积/千公顷 Cropland Area Damaged by Drought /10^3hm²	成灾率/% Percentage of Damaged Area /%
1982	8361	4463	53.4		5323			20697	9972	48.2
1983	12162	5747	47.3		7238			16089	7586	47.2
1984	10632	5361	50.4		3941			15819	7015	44.3
1985	14197	8949	63.0		3578			22989	10063	43.8
1986	9155	5601	61.2		2761			31042	14765	47.6
1987	8686	4104	47.2		3749			24920	13033	52.3
1988	11949	6128	51.3		4094			32904	15303	46.5
1989	11328	5917	52.2		3270			29358	15262	52.0
1990	11804	5605	47.5		3589	239		18175	7805	42.9
1991	24596	14614	59.4		5113	779		24914	10559	42.4
1992	9423	4464	47.4		3012	413		32980	17049	51.7
1993	16387	8610	52.5		3499	642		21098	8659	41.0
1994	18859	11490	60.9	21523	5340	1797		30282	17049	56.3
1995	14367	8001	55.7	20070	3852	1653		23455	10374	44.2
1996	20388	11823	58.0	25384	5840	2208		20151	6247	31.0
1997	13135	6515	49.6	18067	2799	930		33514	20010	59.7
1998	22292	13785	61.8	18655	4150	2551	287	14237	5068	35.6
1999	9605	5389	56.1	13013	1896	930	132	30153	16614	55.1
2000	9045	5396	59.7	12936	1942	712	103	40541	26777	66.0
2001	7138	4253	59.6	11087	1605	623	98	38480	23702	61.6
2002	12384	7439	60.1	15204	1819	838	166	22207	13247	59.7
2003	20366	13000	63.8	22572	1551	1301	173	24852	14470	58.2
2004	7782	4017	51.6	10673	1282	714	113	17255	7951	46.1
2005	14967	8217	54.9	20026	1660	1662	249	16028	8479	52.9
2006	10522	5592	53.2	13882	2276	1333	208	20738	13411	64.7
2007	12549	5969	47.6	17698	1230	1123	177	29386	16170	55.0
2008	8867	4537	51.2	14047	865	955	172	12137	6798	56.0
2009	8748	3796	43.4	11102	648	846	148	29259	13197	45.1
2010	17867	8728	48.9	21085	4225	3745	692	13259	8987	67.8
2011	7192	3393	47.2	8942	640	1301	210	16304	6599	40.4
2012	11218	5871	52.3	12367	832	2675	468	9333	3509	37.6
2013	11901	6623	55.7	12022	1149	3146	445	11220	6971	62.1
2014	5919	2830	47.8	7382	577	1574	249	12272	5677	46.3
2015	6132	3054	49.8	7641	400	1661	254	10067	5577	55.4
2016	9443	5063	53.6	10095	893	3643	698	9873	6131	62.0
2017	5196	2781	53.5	5515	355	2143	345	9946	4490	45.1
2018	6427	3131	48.7	5577	219	1615	258	7397	3667	49.6
2019	6680	3929	58.8	4767	658	1923	409	7838	4760	60.7
2020	7190	4118	57.3	7862	279	2670	646	5081	2759	54.3
2021	4760	2643	55.5	5901	590	2459	481	3426	1949	56.9
2022	3414	1835	53.7	3385	171	1289	319	6090	2858	46.9
2023	4633	2321	50.1	5279	309	2446	634	3804	1489	39.1

注 2019—2023 年因洪涝农作物受灾面积、农作物成灾面积、受灾人口、死亡失踪人口、直接经济损失，因旱农作物受灾面积、成灾面积等数据来源于应急管理部。

Note The data on the affected area and damaged area of crops, affected population, death and missing, total direct economic losses due to floods from 2019–2023, as well as the affected area, damaged area of crops due to drought are sourced from Ministry of Emergency Management.

2-15　2023 年水旱灾害（按地区分）

Flood and Drought Disasters in 2023(by Region)

地区	Region	洪　灾 Flood Disasters					旱　灾 Drought Disasters	
		农作物受灾面积 /千公顷 Cropland Area Affected by Flood /10³hm²	受灾人口 /万人 Affected Population /10⁴persons	死亡失踪 人口/人 Death and missing /person	直接经济损失 /亿元 Total Direct Economic Losses /10⁸yuan	水利设施经济损失 /亿元 Economic Loss of Water Facilities /10⁸yuan	农作物受灾面积 /千公顷 Cropland Area Affected by Drought /10³hm²	农作物绝收面积 /千公顷 Cropland Area Failed by Drought /10³hm²
合　计	Total	4633.29	5278.93	309	2445.75	633.66	3803.70	218.37
北　京	Beijing	14.47	131.32	61	637.39	189.38		
天　津	Tianjin	26.24	13.24		52.23	5.13		
河　北	Hebei	375.94	407.02	50	968.33	164.54	225.07	23.93
山　西	Shanxi	67.03	60.87	3	41.33	6.18	175.41	11.53
内蒙古	Inner Mongolia	389.51	68.38	4	39.46	6.73	1526.86	51.54
辽　宁	Liaoning	32.53	14.81		8.55	7.46	256.10	2.75
吉　林	Jilin	227.81	65.44	22	74.61	18.84		
黑龙江	Heilongjiang	396.09	73.53	25	145.56	14.91		
上　海	Shanghai							
江　苏	Jiangsu	23.84	3.65		0.80	0.14		
浙　江	Zhejiang	2.85	3.70	8	5.52	3.40	0.65	
安　徽	Anhui	27.27	31.49	1	3.60	4.54		
福　建	Fujian	18.70	26.09	8	28.76	43.64		
江　西	Jiangxi	176.85	161.17	2	18.46	8.41		
山　东	Shandong	10.73	11.02		0.82	0.31		
河　南	Henan	1943.76	2414.57	5	113.44	10.16		
湖　北	Hubei	288.27	320.44	1	32.91	22.71	38.73	1.09
湖　南	Hunan	103.53	166.64		33.28	11.39	151.16	9.45
广　东	Guangdong	5.60	8.00		3.69	29.18		
广　西	Guangxi	40.80	106.93	1	32.51	14.91	107.19	8.24
海　南	Hainan	0.75	0.79		0.29	0.73		
重　庆	Chongqing	81.03	140.14	5	43.28	12.49	12.62	0.93
四　川	Sichuan	96.31	503.07	52	67.91	20.71	126.58	7.66
贵　州	Guizhou	39.19	94.08	2	10.24	1.66	105.97	7.83
云　南	Yunnan	74.79	158.64	6	24.40	5.93	503.02	26.54
西　藏	Xizang	3.87	10.69	2	2.03	1.43		
陕　西	Shaanxi	134.44	232.07	32	42.26	17.25	310.15	38.49
甘　肃	Gansu	26.15	46.21	18	10.85	5.94	211.04	17.35
青　海	Qinghai	3.21	4.61			1.89	14.40	0.64
宁　夏	Ningxia					0.57	37.94	10.40
新　疆	Xinjiang	1.73	0.32	1	0.82	1.35	0.81	
流　域 直　属	River Basin Commissions					1.76		

注　因洪涝农作物受灾面积、受灾人口、死亡失踪人口、直接经济损失，因旱农作物受灾面积、绝收面积等数据来源于应急管理部。部分地区直接经济损失未完全包含水利工程设施经济损失。

Note　The data on the affected area of crops, affected population, death and missing, total direct economic losses, due to flood, as well as affected area, failed area of crops due to drought are sourced from Ministry of Emergency Management. Total direct economic losses in some regions do not fully include economic losses of water projects.

2-16 历年除涝面积和治碱面积

Drainage and Saline Control Areas by Year

单位：千公顷 unit: $10^3 hm^2$

年份 Year	易涝面积 Waterlogging Area	除涝面积合计 Total Drainage Control Area	3～5 年一遇标准 3-5 Years Return Period	5 年以上一遇标准 More than 5 Years Return Period	盐碱耕地 面积 Area of Saline and Alkaline Farmland	盐碱耕地 改良面积 Area of Improved Saline and Alkaline Farmland
1982	23776.67	18092.67	7210.67	10882.00	7243.33	4265.33
1983	24066.00	18200.67	7194.67	11006.00	7243.33	4391.33
1984	24235.33	18399.33	7157.33	11242.00	7357.33	4474.00
1985	24086.67	18584.00	7217.33	11366.67	7331.33	4569.33
1986	24229.33	18760.67	7430.67	11330.00	7692.00	4623.33
1987	24337.33	18958.00	7521.33	11436.67	7606.67	4755.33
1988	24348.00	19064.00	7532.00	11532.00	7636.00	4830.00
1989	24425.33	19229.33	7566.00	11663.33	7672.00	4883.33
1990	24466.67	19336.66	7671.33	11665.33	7538.67	4995.09
1991	24424.00	19580.30	8004.00	11576.30	7539.33	5110.09
1992	24410.00	19769.76	7996.88	11772.88	7617.83	5210.21
1993		19883.48	8068.40	11815.08	7633.22	5304.62
1994		19678.55	8172.43	11506.12	7655.82	5350.83
1995		20055.64	8241.97	11813.67	7655.82	5433.91
1996		20278.74	8367.67	11911.07		5513.15
1997		20525.80	8540.54	11985.26		5612.25
1998		20680.73	8645.98	12034.75		5653.94
1999		20838.48	8878.23	11960.25		5736.82
2000		20989.70	8812.76	12176.94		5841.36
2001		21021.33	8841.33	12180.00		5750.67
2002		21097.11	8916.94	12180.17		5282.86
2003		21137.31	8918.54	12218.77		5864.59
2004		21198.00				5961.56
2005		21339.74	9272.60	12067.14		
2006		21376.31	9197.50	12178.80		
2007		21419.14	9208.24	12210.90		
2008		21424.55	9334.67	12089.87		
2009		21584.32	9370.59	12213.73		
2010		21691.74	9427.39	12264.35		
2011		21721.62	9505.51	12216.11		
2012		21857.33	9515.22	12342.11		
2013		21943.10	9517.05	12426.05		
2014		22369.34	9751.38	12617.97		
2015		22712.71	9796.27	12916.44		
2016		23066.67	9704.95	13361.72		
2017		23824.33	9526.26	14298.07		
2018		24261.74	9559.06	14702.68		
2019		24529.61	9468.05	15061.56		
2020		24586.43	9515.95	15070.48		
2021		24480.02	9521.72	14958.30		
2022		24128.77	9460.91	14667.86		
2023		25078.27	9736.94	15341.33		

2-17　2023 年除涝面积（按地区分）

Drainage Control Area in 2023 (by Region)

单位：千公顷　　　　　　　　　　　　　　　　　　　　　　　　　　　　　　　　　　　　　　unit: 10³hm²

地区	Region	除涝面积合计 Total Drainage Control Area	3～5 年一遇标准 3-5 Years Return Period	5～10 年一遇标准 5-10 Years Return Period	10 年以上一遇标准 More than 10 Years Return Period	新增除涝面积 Newly-increased Drainage Control Area
合　计	**Total**	**25078.27**	**9736.94**	**8955.13**	**6386.20**	**224.83**
北　京	Beijing	12.00			12.00	
天　津	Tianjin	362.11	83.87	210.90	67.34	
河　北	Hebei	1622.47	806.28	744.71	71.48	5.31
山　西	Shanxi	89.25	60.06	28.76	0.43	
内蒙古	Inner Mongolia	277.00	157.76	84.87	34.37	
辽　宁	Liaoning	1220.05	178.56	408.53	632.96	
吉　林	Jilin	1049.60	146.26	394.89	508.45	37.72
黑龙江	Heilongjiang	3355.21	2320.54	1014.20	20.47	
上　海	Shanghai	50.36	3.26	6.07	41.03	1.93
江　苏	Jiangsu	4034.39	172.97	1149.25	2712.17	4.28
浙　江	Zhejiang	580.94	128.56	209.11	243.27	0.05
安　徽	Anhui	2548.10	985.49	1374.32	188.29	16.50
福　建	Fujian	163.49	90.17	52.28	21.04	2.91
江　西	Jiangxi	499.52	218.72	228.36	52.44	12.91
山　东	Shandong	3268.49	1622.47	1432.20	213.82	13.15
河　南	Henan	2190.64	1701.37	466.37	22.90	7.76
湖　北	Hubei	1457.64	235.60	444.43	777.61	0.10
湖　南	Hunan	749.33	222.87	222.24	304.22	105.45
广　东	Guangdong	536.93	63.11	107.09	366.73	
广　西	Guangxi	243.13	130.47	101.76	10.90	1.73
海　南	Hainan	41.64	24.98	6.80	9.86	
重　庆	Chongqing					
四　川	Sichuan	103.59	52.92	46.42	4.25	
贵　州	Guizhou	140.93	54.33	71.52	15.08	3.29
云　南	Yunnan	335.71	197.20	102.29	36.22	11.74
西　藏	Xizang	5.42	1.51	3.49	0.42	
陕　西	Shaanxi	103.20	67.39	30.15	5.66	
甘　肃	Gansu	15.48	4.76	1.73	8.99	
青　海	Qinghai					
宁　夏	Ningxia					
新　疆	Xinjiang	21.65	5.46	12.39	3.80	

2-18 2023 年除涝面积（按水资源分区分）

Drainage Control Area in 2023 (by Water Resources Sub-region)

单位：千公顷   unit: 10^3hm^2

水资源 一级区	Grade-I Water Resources Regions	除涝面积合计 Total Drainage Control Area	3～5 年一遇标准 3-5 Years Return Period	5～10 年一遇标准 5-10 Years Return Period	10 年以上一遇标准 More than 10 Years Return Period	新增除涝面积 Newly-increased Drainage Control Area
合 计	**Total**	**25078.27**	**9736.94**	**8955.13**	**6386.20**	**224.83**
松花江区	Songhua River	4306.26	2534.73	1310.56	460.97	25.22
辽河区	Liaohe River	1552.30	241.25	576.27	734.78	12.50
海河区	Haihe River	3276.08	1576.19	1492.66	207.23	21.18
黄河区	Yellow River	588.75	371.62	160.07	57.06	
淮河区	Huaihe River	8576.91	3253.61	3228.44	2094.86	9.48
长江区	Yangtze River	5171.31	1196.47	1664.50	2310.34	144.47
东南诸河区	Southeast Rivers	472.16	189.39	182.12	100.65	2.96
珠江区	Pearl River	982.57	283.98	302.00	396.59	3.01
西南诸河区	Southwest Rivers	129.48	84.24	26.12	19.12	6.01
西北诸河区	Northwest Rivers	22.45	5.46	12.39	4.60	

2-19　2023 年除涝面积（按水资源分区和地区分）

Drainage Control Area in 2023 (by Water Resources Sub-region and Region)

单位：千公顷 　　　　　　　　　　　　　　　　　　　　　　　　　　　unit: 10³hm²

地区	Region	除涝面积合计 Total Drainage Control Area	3～5 年一遇标准 3-5 Years Return Period	5～10 年一遇标准 5-10 Years Return Period	10 年以上一遇标准 More than 10 Years Return Period	新增除涝面积 Newly-increased Drainage Control Area
松花江区	**Songhua River**	**4306.26**	**2534.73**	**1310.56**	**460.97**	**25.22**
内蒙古	Inner Mongolia	106.86	89.85	17.01		
吉 林	Jilin	844.19	124.34	279.35	440.50	25.22
黑龙江	Heilongjiang	3355.21	2320.54	1014.20	20.47	
辽河区	**Liaohe River**	**1552.30**	**241.25**	**576.27**	**734.78**	**12.50**
内蒙古	Inner Mongolia	126.84	40.77	52.20	33.87	
辽 宁	Liaoning	1220.05	178.56	408.53	632.96	
吉 林	Jilin	205.41	21.92	115.54	67.95	12.50
海河区	**Haihe River**	**3276.08**	**1576.19**	**1492.66**	**207.23**	**21.18**
北 京	Beijing	12.00			12.00	
天 津	Tianjin	362.11	83.87	210.90	67.34	
河 北	Hebei	1622.47	806.28	744.71	71.48	5.31
山 西	Shanxi	32.48	21.84	10.41	0.23	
内蒙古	Inner Mongolia	0.91	0.91			
辽 宁	Liaoning					
山 东	Shandong	1039.91	494.95	491.01	53.95	11.87
河 南	Henan	206.20	168.34	35.63	2.23	4.00
黄河区	**Yellow River**	**588.75**	**371.62**	**160.07**	**57.06**	
山 西	Shanxi	56.77	38.22	18.35	0.20	
内蒙古	Inner Mongolia	42.39	26.23	15.66	0.50	
山 东	Shandong	117.07	27.95	43.24	45.88	
河 南	Henan	274.02	218.49	54.72	0.81	
四 川	Sichuan	0.25	0.25			
陕 西	Shaanxi	91.06	59.88	26.37	4.81	
甘 肃	Gansu	7.19	0.60	1.73	4.86	
青 海	Qinghai					
宁 夏	Ningxia					
淮河区	**Huaihe River**	**8576.91**	**3253.61**	**3228.44**	**2094.86**	**9.48**
江 苏	Jiangsu	3052.30	158.10	1038.98	1855.22	1.45
安 徽	Anhui	1900.67	819.31	975.57	105.79	3.99
山 东	Shandong	2111.51	1099.57	897.95	113.99	1.28
河 南	Henan	1512.43	1176.63	315.94	19.86	2.76

River Regulation

2-19 续表 continued

地区 Region		除涝面积合计 Total Drainage Control Area	3~5 年一遇标准 3-5 Years Return Period	5~10 年一遇标准 5-10 Years Return Period	10 年以上一遇标准 More than 10 Years Return Period	新增除涝面积 Newly-increased Drainage Control Area
长江区	**Yangtze River**	**5171.31**	**1196.47**	**1664.50**	**2310.34**	**144.47**
上 海	Shanghai	50.36	3.26	6.07	41.03	1.93
江 苏	Jiangsu	982.09	14.87	110.27	856.95	2.83
浙 江	Zhejiang	272.27	29.34	79.27	163.66	
安 徽	Anhui	647.43	166.18	398.75	82.50	12.51
江 西	Jiangxi	499.52	218.72	228.36	52.44	12.91
河 南	Henan	197.99	137.91	60.08		1.00
湖 北	Hubei	1457.64	235.60	444.43	777.61	0.10
湖 南	Hunan	745.14	220.48	221.06	303.60	105.41
广 西	Guangxi	3.80	1.93	1.58	0.29	0.13
重 庆	Chongqing					
四 川	Sichuan	103.34	52.67	46.42	4.25	
贵 州	Guizhou	67.11	32.58	21.67	12.86	2.11
云 南	Yunnan	124.99	71.26	42.76	10.97	5.54
西 藏	Xizang					
陕 西	Shaanxi	12.14	7.51	3.78	0.85	
甘 肃	Gansu	7.49	4.16		3.33	
青 海	Qinghai					
东南诸河区	**Southeast Rivers**	**472.16**	**189.39**	**182.12**	**100.65**	**2.96**
浙 江	Zhejiang	308.67	99.22	129.84	79.61	0.05
安 徽	Anhui					
福 建	Fujian	163.49	90.17	52.28	21.04	2.91
珠江区	**Pearl River**	**982.57**	**283.98**	**302.00**	**396.59**	**3.01**
湖 南	Hunan	4.19	2.39	1.18	0.62	0.04
广 东	Guangdong	536.93	63.11	107.09	366.73	
广 西	Guangxi	239.33	128.54	100.18	10.61	1.60
海 南	Hainan	41.64	24.98	6.8	9.86	
贵 州	Guizhou	73.82	21.75	49.85	2.22	1.18
云 南	Yunnan	86.66	43.21	36.9	6.55	0.19
西南诸河区	**Southwest Rivers**	**129.48**	**84.24**	**26.12**	**19.12**	**6.01**
云 南	Yunnan	124.06	82.73	22.63	18.7	6.01
西 藏	Xizang	5.42	1.51	3.49	0.42	
青 海	Qinghai					
西北诸河区	**Northwest Rivers**	**22.45**	**5.46**	**12.39**	**4.60**	
内蒙古	Inner Mongolia					
甘 肃	Gansu	0.80			0.80	
青 海	Qinghai					
新 疆	Xinjiang	21.65	5.46	12.39	3.80	

主要统计指标解释

已建成水库座数　在河道、山谷或低洼地有水源，或可从另一河道引入水源的地方修建挡水坝或堤堰，形成具有拦洪蓄水和调节水量功能且总库容大于等于10万立方米的水利工程的数量。

大型水库：总库容在1亿立方米及以上。

中型水库：总库容在1000万（含1000万）～1亿立方米。

小型水库：总库容在10万（含10万）～1000万立方米。

水库库容　从设计规模和统计角度规定如下：

（1）总库容：即校核水位以下的库容。包括死库容、兴利库容、防洪库容（减掉和兴利库容重复部分）之综合。

（2）兴利库容：一般为正常高水位至死水位之间的库容。

（3）调洪库容或防洪库容：指校核洪水位与防洪限制水位（也叫汛期限制水位）之间的库容。防汛限制水位是水库在汛期的下限水位，这个水位以上的库容在汛期专供滞蓄防洪标准内的洪水使用，洪水到来之前水库蓄水不允许超过此水位。

堤防长度　建成或基本建成的在江、河、湖、海岸边用于防洪、防潮的工程长度之总和，包括新中国成立前建成以及需要加固加高培厚的老堤防，但不包括单纯除涝河道的堤防和弃土形成的堤防，也不包括子埝和生产堤。所谓基本建成，是指按设计标准已经完成并能发挥设计效益，但还留有少量尾工的工程。

堤防保护人口　报告期堤防保护范围内的全部人口数。也就是假设河流在设计最大洪水通过时，如没有堤防或一旦堤防决口，所能淹及的最大范围内在报告期当年年末的全部人口数。

堤防保护耕地面积　堤防保护范围内的耕地面积。即按设计最大洪水通过时，假设不修堤防的情况下，洪水所能淹及的最大范围内的耕地面积。

累计达标堤防长度　根据《防洪标准》（GB 50201—2014）和江河防洪规划，已达到国家所认定的堤防等级的堤防长度。根据《防洪标准》（GB 50201—2014）规定，由于堤防保护的耕地面积和人口不同，以及城市、工矿企业、交通干线等防护对象的重要性程度不同，堤防工程的防洪标准不一样。达标堤防是指按《堤防工程设计规范》（GB 50286—2013）进行堤防工程标准设计，施工完成后达到设计规定要求的堤防。

堤防工程的级别　按防洪标准分为五个级别。堤防工程防护对象的防洪标准应按照《防洪标准》（GB 50201—

2014）确定。

主要堤防　保护耕地面积在30万亩以上（包括30万亩）或保护重要工矿、企业、交通干线、国防设施、机场、主要城镇的河道堤防及海堤（海塘）。

水闸数量　水利工程中用以控制水流、水位、通航的水工建筑物的数量。关闭或开启闸门起到调节闸上、下游水位，控制泄流以达到防洪、引水、排水、通航、发电等作用。按流量划分：大型水闸指最大过闸流量1000立方米每秒及以上水闸；中型水闸指最大过闸流量100～1000立方米每秒的水闸；小型水闸指最大过闸流量10～100立方米每秒的水闸。

分洪闸　为了保护河道下游堤防及重要城镇、工厂、矿区的安全，在河道遇到特大洪水时宣泄部分洪水进入湖泊、洼地等分洪区（或滞洪区）中，以削减洪峰，免除洪水泛滥所造成的灾害而在河岸边修的水闸。

节制闸　为控制河渠、湖泊水位，保证引水、供水要求而修建的水闸。这种闸一般是拦河、渠而修建的，又称拦河闸。

排水闸　为排除内涝积水在河道两岸修建的闸，或在分洪区（或滞洪闸）出口处设置的尾水闸、退水闸。

引水闸（渠首闸）　从河流、湖泊、水库中引水进行灌溉、发电等而在引水源口处设置的水闸，其功能主要是引水。

挡潮闸　在沿海河口附近修建的发挥排水、挡潮作用的水闸。

洪涝灾害　因降雨、融雪、冰凌、溃坝（堤）、风暴潮、热带气旋等造成的江河洪水、渍涝、山洪、滑坡和泥石流等，以及由其引发的次生灾害。

农作物受灾面积　因洪涝灾害造成在田农作物产量损失一成（含一成）以上的播种面积（含成灾、绝收面积），同一地块的当季农作物遭受一次以上洪涝灾害时，只计其中最严重的一次。

农作物成灾面积　因洪涝灾害造成在田农作物受灾面积中，产量损失三成（含三成）以上的播种面积（含绝收面积）。

干旱灾害　因降水少、水资源短缺，对城乡居民生活、工农业生产造成直接影响的旱情，以及旱情发生后给工农业生产造成的旱灾损失。

农作物受灾面积　在受旱面积中作物产量比正常年产量减产一成以上的面积。

农作物成灾面积　在受旱面积中作物产量比正常年产量减产三成（含三成）以上的面积。

除涝面积　通过水利工程如围垦、抽水等对易涝面

积进行治理，使易涝耕地免除淹涝的面积称除涝面积。按除涝的标准分为 3～5 年一遇标准、5～10 年一遇标准和 10 年以上一遇标准。易涝面积虽经过治理，但标准尚未达到 3 年一遇标准的，不作为除涝面积统计。

盐碱耕地面积　土壤中含有盐碱、影响农作物生长甚至接近不能耕种的面积。

盐碱耕地改良面积　在新、老盐碱耕地上进行水利、农业和土壤改良等措施，在正常年景使农作物出苗率达到 70%以上的面积。

Explanatory Notes of Main Statistical Indicators

Number of completed reservoirs Build water retaining dams or embankments in rivers, valleys, or low-lying areas where water sources are available, or where water sources can be introduced from another river, to form a number of water projects with flood retention, water storage, and water regulation functions. A total storage capacity of 100,000 cubic meters or more.

Large reservoir: the total storage capacity is over 100 million m^3 (including 100 million m^3).

Medium reservoir: the total storage capacity is between 10 million m^3 (including 10 million m^3) to 100 million m^3.

Small reservoir: the total storage capacity is between 0.1 million m^3 (including 0.1 million m^3) to 10 million m^3.

Storage capacity of reservoir Following indicators are defined according to the scale of design and needs of statistics.

1. Total storage capacity: refers to storage capacity under the check water level. Total storage capacity includes dead storage capacity, usable storage capacity, and flood control storage capacity (deducting the repeating part of usable storage).

2. Usable storage capacity: refers to storage capacity between levels of normal high to dead water.

3. Flood regulation capacity or flood control storage capacity: refers to storage capacity between check floodwater to floodwater limit (also termed limited water level in flood season). Floodwater limit refers to the lowest level of reservoir in flood season, which is used to store and detain floods specified by flood control standard; before floodwater comes, water level of reservoirs is not allowed to exceed this limit.

Length of embankment Total length of embankment is the sum of completed or mostly completed levees or dykes along a river and lake, sea dike, polder and flood control wall etc., including old embankments built before the founding of People's Republic of China in 1949 and those need to be strengthened, heightened and thickened, but excluding embankment purely for waterlogging control and spoil dike, as well as sub-cofferdam or production dikes. Mostly completed embankment refers to a project that has a few of works to end up, but it can put into use and generate benefit according to design standard.

Protected population of embankment Total population protected by embankment during report period. In another word, the total population inundated by flood as a maximum at the end of the year when the design maximum flood passes river courses and if no embankment or break of embankment exists.

Protected farmland of embankment Cultivated land under the protection of embankment, i.e. inundated farmland of flood as a maximum if design maximum flood passes and no embankment exists.

Accumulated length of up-to-standard embankment Total length of embankment that has reached national standard, in accordance of *National Standards for Flood Control* (GB 50201-2014) and river flood control planning. According to the current *National Standards for Flood Control* (GB 50201-2014), the standards of embankment can be varied in accordance with protected cultivated area or population and importance of protected target such as a city, industrial and mining enterprises or key transportation line. Up-to-standard embankment refers to those designed and constructed according to *Code for Desigh of Levee Project* (GB 50286-2013), and meet all requirements of original design upon completion.

Classification of embankment Embankment is classified into five categories according to flood control standards; the category of embankment for a protected target is determined according to the current *National Standards for Flood Control* (GB 50201-2014).

Key embankment and dyke Embankment or levees along the river or sea dikes used for protecting farmlands of above 300,000 mu (including 300,000 mu), or important pastures land, and those areas less than 300,000 mu but where have important mine, enterprise, transportation line, national defense facilities, airport and key cities and towns.

Number of water gates Number of hydraulic structures employed for controlling flow and water level or for navigation. When the gate is open or close, water level at upper and down stream and discharge can be controlled in order to realize flood prevention, water diversion, drainage, navigation, and power generation. According to water flow, large size refers to the gate with a check flow of 1,000 m^3/s or above; medium size refers to gate with a check flow of 100-1,000 m^3/s, and small size refers to gate with a check flow of 10-100 m^3/s.

Flood diversion gates Water gates are constructed beside river banks to protect the safety of dikes, major cities, factories, mines in lower reaches, and drain water into lakes, low ground or flood detention basins, in order to reduce flood peak and prevent flooding when severe flood happens.

Control gates Water gates are built to control water level of rivers, canals or lakes to ensure water diversion and water supply. Water control gates are also termed barrage gates.

Drainage gates Water gates are located beside river banks to drain waterlogging, or constructed in the outlets of flood detention basins (flood retarding gates) as tail locks and waste locks.

Water diversion gates (head gates) Water gates are built in water sources to divert water from rivers, lakes and reservoirs to irrigate, generate hydropower, etc., but its main purpose is to divert water.

Tide gates Water gates are located in coastal estuaries to drain water or prevent tides.

Flood & waterlogging disasters　River flood, waterlogging or inland inundation, mountain flood, landslide and mudflow caused by rainfall, snow melting, river ice jam, dam failure, storm tide and tropical cyclone, as well as secondary disasters induced by them.

Cropland are affected by flood　Cultivated area (including damaged area and no harvest area) where loss of crop yield is more than 10% (including 10%) due to flood and waterlogging disasters; the most serious damage is calculated only when crop in same land suffer from more than one flood and waterlogging disaster during the same season.

Cropland area damaged by flood　Cultivated area (including no harvest area) where loss of crop yield is more than 30% (including 30%) due to flood and waterlogging disasters.

Drought disaster　It refers to a disaster that results in direct impact on life of people, industrial and agricultural production in urban and rural areas because of less precipitation and water shortage.

Cropland area affected by drought　It refers to drought-affected area where loss of crop yield is 10% more than normal years.

Cropland area damaged by drought　It refers to drought-affected area where loss of crop yield is 30% more (including 30%) than normal years.

Drainage control area　The area of prone-waterlogging farmland controlled by waterworks such as cofferdams and water pump. The standard for waterlogging control is divided into 3-5 years, 5-10 years and above 10 years. Drainage control area do not include the farmland that has not reach to the waterlogging control standard of once in three years return period, even though efforts have been made to make improvement.

Area of saline and alkaline farmland　The area cannot be or almost cannot be cultivated because the soil contains salt and alkaline that affects the growing of crops.

Reclaimed area of saline and alkaline farmland　The reclaimed area of old or newly-emerged saline and alkaline farmlands that have a percentage of seedling emergence at and above 70% in normal years, thanks to the measure of water conservation, agricultural technology and soil improvement.

3 农业灌溉

Agricultural Irrigation

简要说明

农业灌溉统计资料主要包括农田水利设施的数量和产生的效益，分为灌溉面积、灌区、机电排灌站以及节水灌溉面积等四大类。

农业灌溉资料按水资源一级分区和地区分组。

1. 灌溉面积统计范围：已建成或基本建成的灌溉工程、水利综合利用工程、农田水利工程的灌溉面积，包括水利、农业等部门建设的灌溉面积。

2. 按耕地灌溉面积达到万亩以上的统计口径调整 2008 年数据；2012 年，灌区统计口径调整为设计灌溉面积 2000 亩及以上灌区。

3. 节水灌溉面积只统计利用工程措施节水的面积。

4. 万亩以上灌区、机电排灌站历史资料汇总 1974 年至今数据；灌溉面积历史资料汇总 1949 年至今数据；农田排灌机械、机电灌溉面积历史资料汇总 1949—2012 年数据；机电井历史资料汇总 1961 年至今数据。

5. 灌溉面积、灌区、机电井数据已与 2011 年水利普查数据进行了衔接。

Brief Introduction

Agricultural irrigation statistics mainly include the number and benefits of farmland water conservancy facilities, which are divided into four categories: irrigation area, irrigation district, electromechanical drainage and irrigation station and water-saving irrigation area.

Agricultural irrigation data are grouped according to Grade-I water resources regions and districts.

1. Statistical scope of irrigation area: irrigation area of irrigation projects that have been completed or basically completed, comprehensive utilization of water conservancy projects and farmland water conservancy projects, including irrigation area constructed by water conservancy, agriculture and other departments.

2. The data of 2008 were adjusted according to the statistical caliber of irrigated land reaching more than 10,000 mu. In 2012, the statistical caliber of irrigated areas was adjusted to irrigated areas with a designed irrigation area of 2,000 mu or more.

3. The water-saving irrigation area only counts the area that uses the engineering measures to save water.

4. Historical data of irrigation district with an irrigated area up to ten thousand mu as well as electro-mechanical drainage stations are collected from 1974 until to present. Historical data of irrigated area are collected from 1949 until to present; farmland mechanical equipment for irrigation and drainage, electro-mechanical irrigated area are collected from 1949 to 2012; historical data of electro-mechanical wells are collected from 1961 until to present.

5. The data of irrigated area, irrigation district and electro-mechanical wells have been connected with the First National Water Census in 2011.

3-1　主　要　指　标

Key Indicators

指标名称	Item	单位	unit	2012	2013	2014	2015	2016	2017	2018	2019	2020	2021	2022	2023
灌溉面积	Irrigated Area	千公顷	10^3hm^2	67783	69481	70652	72061	73177	73946	74542	75034	75687	78315	79036	80605
耕地灌溉面积	Irrigated Area of Cultivated Land	千公顷	10^3hm^2	62491	63473	64540	65873	67141	67816	68272	68679	69161	69609	70359	71644
占耕地面积[①]	In Total Cultivated Land[①]	%	%	51.3	52.9	53.8	48.8	49.8	50.3	50.7	51.0	51.3	51.6	55.1	56.1
林地灌溉面积	Irrigated Area of Forest Land	千公顷	10^3hm^2	1767	2111	2229	2211	2388	2403	2510	2601	2672		3722	4035
果园灌溉面积	Irrigated Area of Orchard Garden	千公顷	10^3hm^2	2190	2315	2376	2433	2572	2624	2646	2653	2705		4103	4135
牧草灌溉面积	Irrigated Area of Grassland	千公顷	10^3hm^2	819	1059	1092	1079	1076	1104	1115	1102	1150		853	790
耕地实灌面积	Actual Irrigated Cultivated Land	千公顷	10^3hm^2		53105	54975	56739	58107	58553	58574	57914	58352	58322	58758	59313
占耕地灌溉面积	In Irrigated Area of Cultivated Land	%	%		83.7	85.2	86.1	86.5	86.3	85.8	84.3	84.4	83.8	83.5	82.8
节水灌溉面积	Water-saving Irrigated Area	千公顷	10^3hm^2	31217	27109	29019	31060	32847	34319	36135	37059	37796			
万亩以上灌区	Irrigation District with an Area of 10,000 mu and above	处	unit	7756	7709	7709	7773	7806	7839	7881	7884	7713	7326		
其中：30万亩以上	Among Which: Irrigated Area up to 300,000 mu and above	处	unit	456	456	456	456	458	458	461	460	454	450		
万亩以上灌区耕地灌溉面积	Irrigated Area of Cultivated Land of Irrigation District with an Area of 10,000 mu and above	千公顷	10^3hm^2	30191	30216	30256	32302	33045	33262	33324	33501	33638	35499		
其中：30万亩以上	Among Which: Irrigated Area up to 300,000 mu and above	千公顷	10^3hm^2	11260	11252	11251	17686	17765	17840	17799	17995	17822	17868		

① 耕地面积按国家统计局《中国统计年鉴2023》数据19.14亿亩。
① The data of cultivated land is 19.14×10[8] mu, and sourced from *China Statistical Yearbook 2023*.

3-2 历年万亩以上灌区数量和耕地灌溉面积

Irrigation Districts with an Area above 10,000 mu by Year

年份 Year	合计 Total		#50万亩以上灌区 Irrigation Districts with an Area up to 500,000 mu and above		#30万～50万亩灌区 Irrigation Districts with an Area from 300,000 to 500,000 mu	
	处数 /处 Number /unit	耕地灌溉面积 /千公顷 Irrigated Area of Cultivated Land /10³hm²	处数 /处 Number /unit	耕地灌溉面积 /千公顷 Irrigated Area of Cultivated Land /10³hm²	处数 /处 Number /unit	耕地灌溉面积 /千公顷 Irrigated Area of Cultivated Land /10³hm²
1981	5247	20363	66	5720	71	1777
1982	5252	20578	66	5788	72	1825
1983	5288	20941	67	5941	76	1789
1984	5319	20775	71	5994	69	1738
1985	5281	20777	71	5996	66	1670
1986	5299	20869	70	5988	71	1793
1987	5343	21144	70	6014	75	1889
1988	5302	21075	71	6066	75	1877
1989	5331	21177	72	6119	78	1933
1990	5363	21231	72	6048	76	1896
1991	5665	23292	73	6169	91	2186
1992	5531	23632	74	6184	92	2270
1993	5567	24483	74	6239	92	2318
1994	5523	22353	74	6288	98	2429
1995	5562	22499	74	6314	99	2444
1996	5606	22062	75	6150	108	2665
1997	5579	22495	77	6408	115	2862
1998	5611	22747	79	6692	114	2769
1999	5648	23580	90	7632	123	3093
2000	5683	24493	101	7883	141	3440
2001	5686	24766	108	8617	169	4054
2002	5691	25030	110	9158	168	4072
2003	5729	25244	112	9381	169	4084
2004	5800	25506	111	9714	169	4057
2005	5860	26419	117	10230	170	4080
2006	5894	28021	119	10520	166	4092
2007	5869	28341	120	10519	174	4148
2008	5851	29440	120	10768	205	4633
2009	5844	29562	125	10828	210	4747
2010	5795	29415	131	10918	218	4740
2011	5824	29748	129	10990	219	4796
2012	7756	30191	177	6243	280	5017
2013	7709	30216	176	6241	280	5010
2014	7709	30256	176	6241	280	5010
2015	7773	32302	176	12024	280	5663
2016	7806	33045	177	12335	281	5430
2017	7839	33262	177	12416	281	5425
2018	7881	33324	175	12399	286	5400
2019	7884	33501	176	12609	284	5386
2020	7713	33638	172	12344	282	5478
2021	7326	35499	154	12209	296	5659

3-3 历年机电井眼数和装机容量

Number and Installed Capacity of Mechanical and Electrical Wells by Year

年份 Year	机电井眼数 /万眼 Number of Mechanical and Electrical Wells /10⁴unit	#灌溉机电井/万眼 Mechanical and Electrical Wells for Irrigation/10⁴unit	配套机电井眼数 /万眼 Number of Counterpart Mechanical and Electrical Wells /10⁴unit	#灌溉机电井/万眼 Mechanical and Electrical Wells for Irrigation/10⁴unit	配套机电井装机容量 /千千瓦 Installed Capacity of Counterpart Mechanical and Electrical Wells /10³kW	#灌溉机电井/千千瓦 Mechanical and Electrical Wells for Irrigation/10³ kW
1969		74.87		43.41		
1970		91.89		62.70		
1971		113.31		80.67		
1972		134.91		100.76		
1973		170.02		130.35		
1974		194.62		157.09		
1975		217.46		181.75		15765
1976		240.73		203.32		18200
1977		254.59		210.88		18463
1978		265.87		221.83		20732
1979		273.25		229.37		20616
1980		269.10		229.06		20740
1981		266.47		229.77		21228
1982		271.46		234.31		21901
1983		278.12		241.30		22814
1984		279.86		240.31		22857
1985		277.00		237.04		23151
1986		276.65		236.39		22774
1987		282.31		243.02		23706
1988		291.83		251.90		25378
1989		305.47		263.29		25932
1990		314.92		273.11		26594
1991		324.64		283.27		26451
1992		335.39		294.58		27257
1993		342.48		302.16		27648
1994		345.59		306.30		27988
1995		355.91		316.98		29001
1996		373.00		332.55		30468
1997		399.84		355.07		32215
1998		417.88		371.75		33606
1999		434.06		386.67		35242
2000		444.81		398.96		35908
2001		454.66		409.23		41329
2002		465.57		418.35		37692
2003		470.94		422.43		37741
2004		475.58		426.24		38411
2005		478.57		428.20		38871
2006		485.85		436.53		40718
2007	511.80	484.90	461.39	438.84	46286	40894
2008	522.58	488.74	474.12	443.86	46571	41505
2009	529.31	493.82	482.56	450.80	49859	42356
2010	533.71	501.21	487.20	458.18	51446	43215
2011	541.38	507.90	494.83	464.94	54048	43757
2012	454.33					
2013	458.36					
2014	469.11					
2015	483.25					
2016	487.18					
2017	495.98					
2018	510.09					
2019	511.73					
2020	517.34					
2021	522.20					
2022	522.00					
2023	521.59					

注 2006年以前（含2006年）只统计灌溉机电井，2007年以后还包括供水机电井。
Note Before 2006 (including 2006), the statistical data only includes mechanical and electrical wells for irrigation; after 2007 it also include wells for water supply.

3-4 历年灌溉面积

Irrigated Area by Year

单位：千公顷   unit: 10³hm²

年份 Year	灌溉面积总计 Total Irrigated Area	耕地 灌溉面积 Irrigated Area of Cultivated Land	林地 灌溉面积 Irrigated Area of Forest	果园 灌溉面积 Irrigated Area of Orchard Garden	牧草 灌溉面积 Irrigated Area of Pasture	其他 灌溉面积 Others	耕地实灌面积 Actual Irrigated Area	旱涝保收面积 Harvest Area Guaranteed in Case of Flood and Drought
1975		46120.7					39281.3	
1976		45463.3					40825.3	
1977		48186.7					40559.3	
1978		48053.3					41714.7	
1979		48318.7					41663.3	
1980		48888.0					39906.0	
1981		48600.0					39656.7	
1982		48663.3					40177.3	
1983		48546.0					39383.3	
1984		48400.0					39933.3	
1985		47932.7					38671.3	
1986		47872.7					39938.0	
1987		47966.7					39861.3	33349.3
1988		47980.7					41188.7	33570.7
1989		48337.3					40695.3	33994.0
1990		48389.3					41437.3	34365.3
1991		48951.3					42884.0	34720.0
1992		49464.0					43501.3	35374.0
1993		49839.3					42914.0	35631.3
1994		49938.0					43610.7	36140.0
1995		50412.7					44102.0	36636.0
1996		51160.7					44768.7	37187.3
1997		52268.7					46187.3	38102.0
1998		53400.0					47036.0	38760.7
1999		54366.0					47709.3	39375.3
2000	59341.6	55013.2	1072.8	1601.3	1001.3	653.0	47965.2	40164.3
2001	60025.4	55517.0	1136.5	1665.7	1035.9	670.1	48398.4	40532.2
2002	60753.1	55857.9	1252.0	1759.6	1194.9	660.9	48434.6	40594.9
2003	61056.1	55900.6	1468.2	1835.1	1186.7	665.5	47383.2	40852.5
2004	61511.2	56252.1	1573.3	1862.5	1185.0	638.3	47783.9	40740.6
2005	61897.9	56562.4	1636.6	1861.0	1172.0	672.5	47968.7	41337.7
2006	62559.1	57078.4	1562.1	1988.6	1201.2	728.8	49024.5	41335.0
2007	63413.5	57782.4	1598.4	2039.4	1225.5	767.8	49936.9	41745.7
2008	64119.7	58471.7	1648.9	2065.0	1214.4	719.7	50665.5	42024.9
2009	65164.6	59261.5	1774.7	2088.6	1246.9	793.0	51806.6	42358.2
2010	66352.3	60347.7	1821.9	2151.4	1257.6	773.7	52589.0	42871.5
2011	67742.9	61681.6	1899.2	2178.2	1264.7	719.2	53982.2	43383.4
2012	67782.7	62490.5	1766.8	2189.8	819.4	516.2		
2013	69481.4	63473.3	2111.3	2315.1	1059.4	522.2	53105.4	
2014	70651.7	64539.5	2228.7	2376.2	1092.4	414.8	54974.9	
2015	72060.8	65872.6	2211.1	2433.3	1079.2	464.5	56739.4	
2016	73176.9	67140.6	2388.4	2571.9	1076.0		58107.0	
2017	73946.1	67815.6	2402.7	2623.6	1104.2		58553.3	
2018	74541.8	68271.6	2510.0	2645.6	1114.6		58573.6	
2019	75034.2	68678.6	2600.7	2653.3	1101.5		57913.5	
2020	75687.1	69160.5	2671.9	2704.7	1150.1		58351.7	
2021	78314.8	69609.5		8700.6（林、果、牧合计）			58321.9	
2022	79036.4	70358.9	3721.9	4103.0	852.6		58758.3	
2023	80604.7	71644.5	4035.3	4135.1	789.8		59312.7	

3-5 历年人均耕地灌溉面积和机电灌溉占耕地灌溉比重

Irrigated Area Per Capita and Proportion of Mechanical & Electrical Equipment in Irrigated Area by Year

年份 Year	人均耕地灌溉面积/亩每人 Irrigated Area Per Capita/(mu/person)		机电排灌面积占耕地灌溉面积的比重/% Proportion of Electromechanical Drainage and Irrigation Area in Irrigated Area /%
	按总人口 Based on Total Population	按乡村人口 Based on Total Rural Population	
1951	0.49	0.58	
1952	0.50	0.59	1.6
1953	0.57	0.67	
1954	0.58	0.68	
1955	0.60	0.71	
1957	0.58	0.69	4.8
1962	0.64	0.77	
1965	0.66	0.80	25.3
1972	0.70	0.83	
1973	0.74	0.87	
1974	0.76	0.89	
1975	0.75	0.89	51.8
1976	0.79	0.93	
1977	0.76	0.90	
1978	0.75	0.89	52.7
1979	0.74	0.89	54.4
1980	0.74	0.90	54.1
1982	0.72	0.87	54.1
1983	0.71	0.87	54.3
1984	0.70	0.87	54.1
1985	0.69	0.86	54.9
1986	0.68	0.80	55.0
1987	0.67	0.84	55.7
1988	0.66	0.83	55.8
1989	0.66	0.83	55.9
1990	0.63	0.81	56.3
1991	0.64	0.82	56.1
1992	0.64	0.82	57.4
1993	0.63	0.83	57.3
1994	0.63	0.83	57.4
1995	0.62	0.82	57.7
1996	0.63	0.83	58.2
1997	0.63	0.86	58.6
1998	0.64	0.88	59.1
1999	0.65	0.86	59.2
2000	0.65	0.87	59.3
2001	0.65	0.89	59.4
2002	0.66	0.90	59.5
2003	0.65	0.89	59.6
2004	0.65	0.90	58.4
2005	0.65	0.89	66.9
2006	0.65	0.90	65.8
2007	0.66	1.19	67.0
2008	0.66	1.22	67.2
2009	0.67	1.25	67.5
2010	0.68	1.34	67.5
2011	0.69	1.41	67.2
2012	0.69	1.46	68.0
2013	0.70	1.51	
2014	0.71	1.56	
2015	0.72	1.64	
2016	0.73	1.71	
2017	0.73	1.72	
2018	0.73	1.82	
2019	0.74	1.87	
2020	0.73	2.03	
2021	0.74	2.10	
2022	0.75	2.12	
2023	0.76	2.25	

3-6　2023 年灌溉面积（按地区分）
Irrigated Area in 2023 (by Region)

单位：千公顷   unit: 10³hm²

地区 Region	灌溉面积总计 Total Irrigated Area	耕地灌溉面积 Irrigated Area of Cultivated Land	林地灌溉面积 Irrigated Area of Forest	园地灌溉面积 Irrigated Area of Orchard Garden	牧草地灌溉面积 Irrigated Area of Pasture	耕地实灌面积 Actual Irrigated Area
合计 Total	80604.7	71644.5	4035.3	4135.1	789.8	59312.7
北京 Beijing	233.4	118.0	78.8	36.5	0.2	90.5
天津 Tianjin	348.1	309.0	26.4	12.7		244.0
河北 Hebei	4583.4	4122.0	189.1	261.8	10.5	3628.0
山西 Shanxi	1563.4	1490.9	40.7	27.2	4.5	1335.9
内蒙古 Inner Mongolia	5230.4	4809.0	145.8	43.2	232.5	3541.4
辽宁 Liaoning	1823.0	1721.2	10.0	87.9	4.0	1305.0
吉林 Jilin	1979.2	1949.3	2.8	13.7	13.4	1548.9
黑龙江 Heilongjiang	6250.3	6238.5	6.7	3.0	2.0	4386.6
上海 Shanghai	171.9	161.6	10.3			161.6
江苏 Jiangsu	4889.7	3856.7	731.5	215.8	85.7	3552.5
浙江 Zhejiang	1450.0	1240.7	69.0	139.9	0.4	1079.8
安徽 Anhui	4957.7	4679.1	140.3	126.8	11.5	3695.1
福建 Fujian	1692.6	858.8	162.6	659.0	12.3	780.3
江西 Jiangxi	2317.2	2186.8	37.7	90.5	2.2	1898.9
山东 Shandong	6075.8	5241.7	407.7	421.8	4.6	4629.5
河南 Henan	5924.3	5666.7	193.7	63.2	0.8	4591.7
湖北 Hubei	3426.6	3220.2	106.1	93.5	6.9	2821.6
湖南 Hunan	3085.8	2917.6	113.1	54.5	0.6	2340.9
广东 Guangdong	2047.7	1560.2	250.1	233.6	3.8	1388.6
广西 Guangxi	1841.1	1695.6	68.0	76.6	0.9	1442.2
海南 Hainan	388.4	334.5	30.8	22.5	0.6	229.8
重庆 Chongqing	784.7	681.1	61.9	41.7	0.01	412.7
四川 Sichuan	3504.4	2994.2	223.6	276.1	10.5	2488.3
贵州 Guizhou	1253.5	1229.9	4.5	17.4	1.7	996.1
云南 Yunnan	2177.4	2036.0	39.8	94.3	7.3	1658.4
西藏 Xizang	524.3	304.6	49.0	21.9	148.8	243.7
陕西 Shaanxi	1447.9	1181.2	48.3	217.2	1.2	1001.1
甘肃 Gansu	1600.2	1423.7	117.3	45.4	13.8	1324.0
青海 Qinghai	313.2	222.1	64.1	1.7	25.4	183.8
宁夏 Ningxia	716.7	564.0	55.3	79.5	17.9	564.0
新疆 Xinjiang	8002.3	6629.6	550.4	656.4	165.9	5747.9

農业灌溉

3-7 2023 年灌溉面积（按水资源分区分）

Irrigated Area in 2023 (by Water Resources Sub-region)

单位：千公顷
unit: 10³hm²

水资源 一级区	Grade-Ⅰ Water Resources Sub-region	灌溉面积 总计 Total Irrigated Area	耕地 灌溉面积 Irrigated Area of Cultivated Land	林地 灌溉面积 Irrigated Area of Forest	园地 灌溉面积 Irrigated Area of Orchard Garden	牧草地 灌溉面积 Irrigated Area of Pasture	耕地 实灌面积 Actual Irrigated Area
合　计	**Total**	**80604.7**	**71644.5**	**4035.3**	**4135.1**	**789.8**	**59312.7**
松花江区	Songhua River	9056.6	8992.4	10.5	15.5	38.2	6166.4
辽河区	Liaohe River	3932.0	3616.4	80.4	127.0	108.2	2822.7
海河区	Haihe River	8324.5	7399.5	527.5	371.1	26.3	6539.4
黄河区	Yellow River	6851.1	6126.9	293.9	350.8	79.5	5464.5
淮河区	Huaihe River	14214.1	12869.8	707.5	596.4	40.4	10552.7
长江区	Yangtze River	19241.3	17223.1	1119.7	809.7	88.8	14486.3
东南诸河区	Southeast Rivers	2871.4	1864.3	220.5	773.9	12.7	1653.0
珠江区	Pearl River	5054.2	4346.4	352.3	348.4	7.1	3702.2
西南诸河区	Southwest Rivers	1592.4	1323.6	56.1	68.7	144.0	1048.5
西北诸河区	Northwest Rivers	9467.2	7882.2	666.8	673.7	244.5	6877.0

3-8 2023年灌溉面积（按水资源分区和地区分）

Irrigated Area in 2023 (by Water Resources Sub-region and Region)

单位：千公顷   unit: 10³hm²

地区 Region		灌溉面积 总计 Total Irrigated Area	耕地 灌溉面积 Irrigated Area of Cultivated Land	林地 灌溉面积 Irrigated Area of Forest	园地 灌溉面积 Irrigated Area of Orchard Garden	牧草地 灌溉面积 Irrigated Area of Pasture	耕地 实灌面积 Actual Irrigated Area
松花江区	**Songhua River**	**9057**	**8992**	**10**	**15**	**38**	**6166**
内蒙古	Inner Mongolia	1018	994	1	0.1	23	318
吉 林	Jilin	1788	1760	3	12	13	1462
黑龙江	Heilongjiang	6250	6239	7	3	2	4387
辽河区	**Liaohe River**	**3932**	**3616**	**80**	**127**	**108**	**2823**
内蒙古	Inner Mongolia	1929	1716	70	38	104	1439
辽 宁	Liaoning	1812	1711	10	88	4	1296
吉 林	Jilin	191	190	0.03	1	0.1	87
海河区	**Haihe River**	**8324**	**7399**	**528**	**371**	**26**	**6539**
北 京	Beijing	233	118	79	36	0.2	90
天 津	Tianjin	348	309	26	13		244
河 北	Hebei	4583	4122	189	262	10	3628
山 西	Shanxi	568	552	9	3	4	492
内蒙古	Inner Mongolia	96	86	1		9	73
辽 宁	Liaoning	11	10		0.3		9
山 东	Shandong	1796	1584	167	41	4	1462
河 南	Henan	690	618	56	16		542
黄河区	**Yellow River**	**6851**	**6127**	**294**	**351**	**80**	**5465**
山 西	Shanxi	995	939	31	24	1	843
内蒙古	Inner Mongolia	1898	1785	64	5	44	1567
山 东	Shandong	340	309	13	18		283
河 南	Henan	941	901	23	16	0.2	840
四 川	Sichuan	8	6			2	3.1
陕 西	Shaanxi	1254	1032	38	183	1	862
甘 肃	Gansu	494	437	27	24	6	371
青 海	Qinghai	204	154	41	1	8	130
宁 夏	Ningxia	717	564	55	79	18	564
淮河区	**Huaihe River**	**14214**	**12870**	**708**	**596**	**40**	**10553**
江 苏	Jiangsu	3328	2877	299	117	35	2606
安 徽	Anhui	3212	3046	73	89	4	2259
山 东	Shandong	3940	3349	227	363	1	2885
河 南	Henan	3734	3597	108	28	1	2804

3-8　续表　continued

地区	Region	灌溉面积 总计 Total Irrigated Area	耕地 灌溉面积 Irrigated Area of Cultivated Land	林地 灌溉面积 Irrigated Area of Forest	园地 灌溉面积 Irrigated Area of Orchard Garden	牧草地 灌溉面积 Irrigated Area of Pasture	耕地 实灌面积 Actual Irrigated Area
长江区	**Yangtze River**	**19241**	**17223**	**1120**	**810**	**89**	**14486**
上　海	Shanghai	172	162	10			162
江　苏	Jiangsu	1562	979	433	99	50	947
浙　江	Zhejiang	279	243	11	25		215
安　徽	Anhui	1738	1625	67	38	8	1429
江　西	Jiangxi	2317	2187	38	90	2	1899
河　南	Henan	560	550	6	3		406
湖　北	Hubei	3427	3220	106	93	7	2822
湖　南	Hunan	3030	2871	105	54	1	2298
广　西	Guangxi	80	66	9	4		62
重　庆	Chongqing	785	681	62	42	0.01	413
四　川	Sichuan	3496	2988	224	276	8	2485
贵　州	Guizhou	899	882	4	12	0.3	716
云　南	Yunnan	648	583	27	32	5	468
西　藏	Xizang	16	8	1	1	6	8
陕　西	Shaanxi	194	149	11	35	0.4	139
甘　肃	Gansu	36	26	5	5		19
青　海	Qinghai	2	1	0.4		0.4	
东南诸河区	**Southeast Rivers**	**2871**	**1864**	**221**	**774**	**13**	**1653**
浙　江	Zhejiang	1171	998	58	115	0.4	865
安　徽	Anhui	8	7	0.3			7
福　建	Fujian	1693	859	163	659	12	780
珠江区	**Pearl River**	**5054**	**4346**	**352**	**348**	**7**	**3702**
湖　南	Hunan	55	47	8	0.2		43
广　东	Guangdong	2048	1560	250	234	4	1389
广　西	Guangxi	1761	1629	59	72	1	1380
海　南	Hainan	388	335	31	22	1	230
贵　州	Guizhou	354	348	0.1	5	1	280
云　南	Yunnan	447	428	4	15	0.4	380
西南诸河区	**Southwest Rivers**	**1592**	**1324**	**56**	**69**	**144**	**1048**
云　南	Yunnan	1082	1025	8	47	2	810
西　藏	Xizang	508	296	48	21	142	236
青　海	Qinghai	3	3				3
西北诸河区	**Northwest Rivers**	**9467**	**7882**	**667**	**674**	**245**	**6877**
内蒙古	Inner Mongolia	291	228	9	0.4	53	144
甘　肃	Gansu	1070	960	85	17	8	934
青　海	Qinghai	104	65	22	0.3	17	51
新　疆	Xinjiang	8002	6630	550	656	166	5748

主要统计指标解释

万亩以上灌区处数　在蓄水、引水、提水等灌溉工程中，灌溉设备齐全、渠系配套完整，自成灌溉体系，有统一管理的灌溉区域的数量。

灌溉面积　一个地区当年农、林、牧等灌溉面积的总和。总灌溉面积=耕地灌溉面积+林地灌溉面积+果园灌溉面积+牧草灌溉面积+其他灌溉面积。

耕地灌溉面积　灌溉工程或设备已基本配套，有一定水源，土地比较平整，在一般年景可以进行正常灌溉的农田或耕地灌溉面积。

耕地实灌面积　利用灌溉工程和设施，在耕地灌溉面积中当年实际已进行正常（灌水一次以上）灌溉的耕地面积。在同一亩耕地上，报告期内无论灌水几次，都应按一亩计算，而不应按灌溉亩次计算。凡是肩挑、人抬、马拉抗旱点种的面积，一律不算实灌面积。耕地实灌面积不大于耕地灌溉面积。

机电井眼数　安装柴油机、汽油机、电动机或其他动力机械带动水泵抽取地下水灌溉耕地、牧草地，包括已装机配套的和待装机配套的水井眼数。

配套机电井眼数　已经安装机电提水设备（包括线路）可以进行正常灌溉的机电井眼数。在几眼井上使用一台设备，但能适时灌溉的和一机多用而主要用于机、电井的，均应视为"已配套机电井"，包括由于提水设备或机井本身损坏待修理，暂时不能使用的"已配套机电井"。

配套机电井装机容量　包括机配井装机容量与电配井装机容量之和。

Explanatory Notes of Main Statistical Indicators

Number of irrigation district with an area above 10,000 mu Total number of districts above 10,000 mu designed for irrigation purpose and having complete irrigation facilities and sub-canal systems, as self-established irrigation system under unified management, and located in the irrigation schemes for water storage, diversion or lifting.

Irrigated area The sum of irrigated areas for agriculture, forest, pasture and grassland in a particular region. The total irrigated area is equal to the sum of irrigated areas of cultivated land (arable land), forest, fruit garden or orchard, grassland and others. Irrigated areas in the current year mean the total irrigated areas at the end of the year.

Irrigated areas of cultivated land It refers to farmland or cultivated land installed with irrigation facilities and having water source and relatively leveled land, which is being irrigated in normal years.

Actual irrigated area It refers to the area being irrigated (once or more than once) in the statistical year, with irrigation system or facilities. No matter how many times of irrigation is made in the same area of land within report period,

it is all counted as one mu. The areas irrigated by means of people or animal carrying water for drought-relief are not included. Actual irrigated area equals to or less than the irrigated area of cultivated land.

Number of mechanical and electrical wells The total number of boreholes and tube wells with installed counterpart facilities or shall be installed according to the plan, which use diesel or gasoline engine, electric motor or other power machines to pump or lift water for irrigation of farmlands and pasture lands.

Number of counterpart mechanical and electric wells Boreholes and tube wells, installed with pumping facilities (including lines), can be used for irrigation. It also includes wells that share one pump but can ensure timely irrigation and temporarily unused wells because of damage and waiting for repair.

Installed capacity of counterpart mechanical and electric wells Total of installed capacity of wells equipped with mechanical equipment and installed capacity of wells equipped by electrical equipment.

4 供用水

Water Supply and Utilization

简 要 说 明

供用水统计资料主要包括水利工程设施供水及农村饮水安全等。

供用水量及饮水安全情况按水资源一级分区和地区分组。

1. 供水按受水区分地表水源、地下水源和其他水源统计。

2. 蓄水工程、引水工程、机电井工程与泵站工程供水量统计范围为全社会管理的工程。

3. 农村饮水安全人口统计范围只限于农村，2004年及以前年份统计"解决饮水困难人口"指标，2005年后统计"饮水安全人口"指标。

Brief Introduction

Statistical data of water supply and utilization mainly covers comsumption and water supply utilities as well as status of drinking water safety in rural areas.

Quantity of water supply and safety condition of drinking water is classified in accordance with Grade-I water resources region and region.

1. Water supply is grouped based on sources of water-receiving areas, like surface water, groundwater or others.

2. Statistical data of water supply only includes storage works, water diversion canals, electro-mechanical wells and pumping stations operated by all the organs .

3. Statistical data of population access to safe drinking water is only limited to rural areas. Index of "population with drinking water" is used in 2004 and before; the index of "population with safe drinking water" is used in 2005 and after.

4-1 历年供用水量

Water Supply and Utilization by Year

单位：亿立方米   unit: $10^8 m^3$

年份 Year	供水量				用水量				
	合计 Total Water Supply	地表水 Surface Water	地下水 Ground-water	其他（非常规水源） Others (Unconventional Water Resources)	合计 Total Water Utilization	农业 Agricultural	工业 Industrial	生活 Domestic	人工生态环境补水 Artificial Water Recharge to Eco-environment
2001	5567.4	4450.7	1094.9	21.9	5567.4	3825.7	1141.8	599.9	
2002	5497.3	4404.4	1072.4	20.5	5497.3	3736.2	1142.4	618.7	
2003	5320.4	4286.0	1018.1	16.3	5320.4	3432.8	1177.2	630.9	79.5
2004	5547.8	4504.2	1026.4	17.2	5547.8	3585.7	1228.9	651.2	82.0
2005	5633.0	4572.2	1038.8	22.0	5633.0	3580.0	1285.2	675.1	92.7
2006	5795.0	4706.8	1065.5	22.7	5795.0	3664.4	1343.8	693.8	93.0
2007	5818.7	4723.5	1069.5	25.7	5818.7	3598.5	1404.1	710.4	105.7
2008	5909.9	4796.4	1084.8	28.7	5909.9	3663.4	1397.1	729.2	120.2
2009	5965.2	4839.5	1094.5	31.2	5965.2	3723.1	1390.9	748.2	103.0
2010	6022.0	4881.6	1107.3	33.1	6022.0	3689.1	1447.3	765.8	119.8
2011	6107.2	4953.3	1109.1	44.8	6107.2	3743.6	1461.8	789.9	111.9
2012	6131.2	4952.8	1133.8	44.6	6131.2	3902.5	1380.7	739.7	108.3
2013	6183.4	5007.3	1126.2	49.9	6183.4	3921.5	1406.4	750.1	105.4
2014	6094.9	4920.5	1116.9	57.5	6094.9	3869.0	1356.1	766.6	103.2
2015	6103.2	4969.5	1069.2	64.5	6103.2	3852.2	1334.8	793.5	122.7
2016	6040.2	4912.4	1057.0	70.8	6040.2	3768.0	1308.0	821.6	142.6
2017	6043.4	4945.5	1016.7	81.2	6043.4	3766.4	1277.0	838.1	161.9
2018	6015.5	4952.7	976.4	86.4	6015.5	3693.1	1261.6	859.9	200.9
2019	6021.2	4982.5	934.2	104.5	6021.2	3682.3	1217.6	871.7	249.6
2020	5812.9	4792.3	892.5	128.1	5812.9	3612.4	1030.4	863.1	307.0
2021	5920.2	4928.1	853.8	138.3	5920.2	3644.3	1049.6	909.4	316.9
2022	5998.2	4994.2	828.2	175.8	5998.2	3781.3	968.4	905.7	342.8
2023	5906.5	4874.7	819.5	212.3	5906.5	3672.4	970.2	909.8	354.1

4-2　2023 年供用水量（按地区分）

Water Supply and Utilization in 2023 (by Region)

单位：亿立方米　　　　　　　　　　　　　　　　　　　　　　　　　　　　　　　　　　　unit: $10^8 m^3$

地区 Region	供水量 合计 Total Water Supply	地表水 Surface Water	地下水 Ground-water	其他（非常规水源） Others (Unconventional Water Resources)	用水量 合计 Total Water Utilization	农业 Agricultural	工业 Industrial	生活 Domestic	人工生态环境补水 Artificial Water Recharge to Eco-environment
合　计　**Total**	**5906.5**	**4874.7**	**819.5**	**212.3**	**5906.5**	**3672.4**	**970.2**	**909.8**	**354.1**
北　京　Beijing	40.7	15.5	12.4	12.8	40.7	2.5	2.8	19.0	16.4
天　津　Tianjin	32.7	23.9	2.6	6.2	32.7	9.4	4.6	7.6	11.2
河　北　Hebei	186.5	94.0	75.0	17.6	186.5	100.7	16.2	28.0	41.6
山　西　Shanxi	69.7	36.9	26.6	6.2	69.7	37.8	11.6	15.2	5.1
内蒙古　Inner Mongolia	202.9	86.8	108.2	7.9	202.9	154.1	14.8	11.2	22.8
辽　宁　Liaoning	126.1	75.7	43.0	7.5	126.1	74.6	14.7	26.4	10.4
吉　林　Jilin	105.4	71.1	31.0	3.3	105.4	77.4	8.6	13.1	6.2
黑龙江　Heilongjiang	288.9	186.4	99.5	3.1	288.9	259.4	11.6	14.7	3.2
上　海　Shanghai	104.8	103.9	0.0074	0.9	104.8	13.7	66.0	24.2	1.0
江　苏　Jiangsu	571.4	553.9	2.5	15.0	571.4	240.0	251.9	66.0	13.4
浙　江　Zhejiang	169.6	163.7	0.1	5.8	169.6	73.1	36.3	53.6	6.7
安　徽　Anhui	273.7	243.8	22.2	7.8	273.7	148.2	79.9	36.5	9.1
福　建　Fujian	168.1	159.8	2.3	6.1	168.1	97.6	23.9	30.1	16.5
江　西　Jiangxi	240.6	234.7	2.6	3.4	240.6	169.2	37.9	29.5	4.0
山　东　Shandong	223.4	133.8	71.1	18.6	223.4	128.1	33.5	43.7	18.1
河　南　Henan	208.8	107.5	87.8	13.5	208.8	118.6	20.7	42.1	27.3
湖　北　Hubei	336.4	325.3	4.3	6.7	336.4	189.7	70.0	52.5	24.2
湖　南　Hunan	308.9	297.8	6.0	5.1	308.9	197.2	51.1	45.5	15.1
广　东　Guangdong	400.4	382.0	5.3	13.1	400.4	197.5	73.6	115.9	13.4
广　西　Guangxi	258.5	249.1	5.5	3.9	258.5	182.5	35.4	35.3	5.3
海　南　Hainan	45.6	43.7	1.4	0.5	45.6	32.1	1.7	9.7	2.1
重　庆　Chongqing	70.8	64.1	0.4	6.3	70.8	25.5	21.4	22.3	1.6
四　川　Sichuan	252.5	239.8	5.7	7.0	252.5	162.0	20.7	59.8	10.1
贵　州　Guizhou	93.2	90.8	1.0	1.4	93.2	60.3	11.0	20.8	1.2
云　南　Yunnan	162.3	155.2	3.0	4.1	162.3	113.9	13.1	26.4	8.8
西　藏　Xizang	32.2	29.7	2.3	0.2	32.2	27.6	1.2	3.0	0.3
陕　西　Shaanxi	93.6	59.2	27.3	7.1	93.6	55.0	10.5	20.7	7.4
甘　肃　Gansu	115.8	76.5	35.5	3.8	115.8	91.4	6.4	10.7	7.3
青　海　Qinghai	24.9	18.9	5.0	1.0	24.9	16.7	3.2	3.1	1.9
宁　夏　Ningxia	64.8	57.1	5.2	2.4	64.8	53.0	4.9	3.7	3.3
新　疆　Xinjiang	633.3	494.5	124.8	14.0	633.3	563.6	11.3	19.4	39.1

4-3 2023 年供用水量（按水资源分区分）

Water Supply and Utilization in 2023 (by Water Resources Sub-region)

单位：亿立方米   unit: $10^8 m^3$

水资源 一级区	Grade-I Water Resources Sub-region	供水量 合计 Total Water Supply	地表水 Surface Water	地下水 Ground- water	其他（非常 规水源） Others (Uncon- ventional Water Resources)	用水量 合计 Total Water Utilization	农业 Agricultural	工业 Industrial	生活 Domestic	人工生态 环境补水 Artificial Water Recharge to Eco-enviro- nment
合　计	**Total**	**5906.5**	**4874.7**	**819.5**	**212.3**	**5906.5**	**3672.4**	**970.2**	**909.8**	**354.1**
松花江区	Songhua River	414.0	273.3	134.2	6.6	414.0	346.1	20.8	27.1	20.1
辽河区	Liaohe River	198.8	86.1	103.5	9.3	198.8	137.3	17.7	31.4	12.3
海河区	Haihe River	372.4	199.7	129.1	43.6	372.4	184.9	39.4	71.2	77.0
黄河区	Yellow River	383.3	248.2	109.5	25.6	383.3	251.5	43.6	56.4	31.8
淮河区	Huaihe River	584.2	431.6	122.1	30.5	584.2	378.6	66.7	100.8	38.1
长江区	Yangtze River	2053.7	1974.0	30.9	48.8	2053.7	1035.5	589.2	346.0	83.0
其中：太湖流域	Among Which: Taihu Lake	343.4	334.6	0.0074	8.8	343.4	59.8	211.9	62.1	9.6
东南诸河区	Southeast Rivers	285.7	273.1	2.2	10.3	285.7	144.6	51.5	68.7	20.9
珠江区	Pearl River	772.4	738.9	13.8	19.6	772.4	458.6	118.6	172.2	23.0
西南诸河区	Southwest Rivers	106.5	102.4	2.9	1.2	106.5	87.4	5.1	12.3	1.7
西北诸河区	Northwest Rivers	735.4	547.2	171.3	16.8	735.4	647.8	17.5	23.8	46.2

4-4 2023 年主要用水指标（按地区分）

Key Indicators for Water Utilization in 2023 (by Region)

地区 Region	人均综合用水量 /立方米 Comprehensive Water Use Per Capita /m³	万元国内生产总值用水量 /立方米 Water Consumption Per 10,000 Yuan of GDP/m³	耕地实际灌溉亩均用水量 /立方米 Water Use Per mu of Irrigated Farmland /m³	农田灌溉水有效利用系数 Coefficient of Effective Utilization of Farmland Irrigation Water	人均生活用水量 /升每天 Domestic Water Use Per Capita /(L/d)	人均城乡居民生活用水量 /升每天 Urban and Rural Residents Water Use Per Capita /(L/d)	万元工业增加值用水量 /立方米 Water Consumption Per 10,000 Yuan of Added Industrial Production Value/m³
合 计 Total	**419**	**46.9**	**347**	**0.576**	**177**	**125**	**24.3**
北 京 Beijing	186	9.3	127	0.752	238	145	5.6
天 津 Tianjin	240	19.5	230	0.723	152	105	8.6
河 北 Hebei	252	42.4	152	0.678	104	79	11.6
山 西 Shanxi	201	27.1	167	0.571	120	90	9.5
内蒙古 Inner Mongolia	846	82.4	207	0.583	128	89	15.0
辽 宁 Liaoning	301	41.7	341	0.593	173	118	14.4
吉 林 Jilin	450	77.9	285	0.608	153	108	23.2
黑龙江 Heilongjiang	938	181.9	421	0.612	131	101	29.2
上 海 Shanghai	422	22.2	434	0.740	267	154	60.8
江 苏 Jiangsu	671	44.6	400	0.622	212	141	51.2
浙 江 Zhejiang	257	20.5	376	0.612	222	142	12.3
安 徽 Anhui	447	58.2	242	0.572	163	125	57.0
福 建 Fujian	402	30.9	589	0.569	197	135	12.9
江 西 Jiangxi	532	74.7	566	0.538	179	133	33.9
山 东 Shandong	220	24.3	158	0.650	118	88	11.5
河 南 Henan	212	35.3	151	0.627	117	91	12.3
湖 北 Hubei	576	60.3	379	0.542	246	150	42.8
湖 南 Hunan	469	61.8	474	0.560	189	135	35.1
广 东 Guangdong	316	29.5	726	0.535	250	167	15.1
广 西 Guangxi	513	95.0	732	0.525	192	153	51.1
海 南 Hainan	440	60.4	742	0.577	257	182	19.5
重 庆 Chongqing	221	23.5	300	0.513	191	140	25.6
四 川 Sichuan	302	42.0	356	0.503	196	147	12.4
贵 州 Guizhou	241	44.6	378	0.498	147	116	19.3
云 南 Yunnan	347	54.1	345	0.518	154	113	18.2
西 藏 Xizang	882	134.4	513	0.460	229	135	48.2
陕 西 Shaanxi	237	27.7	260	0.584	144	101	7.9
甘 肃 Gansu	467	97.6	421	0.582	119	94	18.8
青 海 Qinghai	418	65.4	432	0.509	143	95	24.9
宁 夏 Ningxia	889	121.9	515	0.579	139	84	22.8
新 疆 Xinjiang	2443	331.1	523	0.581	205	169	17.5

注 1. 万元国内生产总值用水量和万元工业增加值用水量指标按当年价格计算。
2. 本表计算中所使用的人口数字为年平均人口数。
3. 本表中"人均生活用水量"包括居民生活用水和公共用水（含第三产业及建筑业等用水），"城乡居民"仅包括居民生活用水。

Notes 1. Water consumptions per 10,000 yuan of GDP and added industrial output value are based on the prices in 2022.
2. The population used for calculation of this table is the yearly average.
3. In the column of "Domestic Water Use Per Capita", "urban" includes water use of household and water use for public purposes (including water use of tertiary and construction industries), and "household" refers to water use for indoor household purpose only.

4-5 2023 年主要用水指标（按水资源分区分）

Key Indicators for Water Utilization in 2023 (by Water Resources Sub-region)

水资源 一级区	Grade-I Water Resources Sub-region	人均综合用水量 /立方米 Comprehensive Water Use Per Capita /m³	万元国内生产总值 用水量 /立方米 Water Consumption Per 10,000 Yuan of GDP /m³	耕地实际灌溉 亩均用水量 /立方米 Water Use Per mu of Irrigated Farmland /m³	人均生活用水量 /升每天 Domestic Water Use Per Capita /(L/d)	人均城乡居民生活用水量 /升每天 Urban and Rural Residents Water Use Per Capita /(L/d)	万元工业增加值用水量 /立方米 Water Consumption Per 10,000 Yuan of Added Industrial Production Value /m³
合　计	**Total**	**419**	**46.9**	**347**	**177**	**125**	**24.3**
松花江区	Songhua River	766	137.1	368	137	102	43.4
辽河区	Liaohe River	379	55.9	232	164	114	16.2
海河区	Haihe River	249	28.5	161	130	93	11.6
黄河区	Yellow River	316	41.3	258	128	93	11.8
淮河区	Huaihe River	283	34.9	215	134	102	12.8
长江区	Yangtze River	438	45.3	408	202	139	42.5
其中：太湖流域	Among Which: Taihu Lake	502	27.8	450	249	152	51.2
东南诸河区	Southeast Rivers	312	25.2	457	205	137	12.7
珠江区	Pearl River	369	41.7	658	226	159	19.5
西南诸河区	Southwest Rivers	504	92.4	409	159	113	26.3
西北诸河区	Northwest Rivers	2146	285.3	497	191	153	19.3

注　1. 万元国内生产总值用水量和万元工业增加值用水量指标按当年价格计算。

　　2. 本表计算中所使用的人口数字为年平均人口数。

　　3. 本表中"人均生活用水量"包括居民生活用水和公共用水（含第三产业及建筑业等用水），"城乡居民"仅包括居民生活用水。

Notes　1. Water consumptions per 10,000 yuan of GDP and added industrial output value are based on the prices in 2022.

　　2. The population used for calculation of this table is the yearly average.

　　3. In the column of "Domestic Water Use Per Capita", "urban" includes water use of household and water use for public purposes (including water use of tertiary and construction industries), and "household" refers to water use for indoor household purpose only.

主要统计指标解释

供水量 各种水源为用水户提供的包括输水损失在内的毛水量。

用水量 各类用水户取用的包括输水损失在内的毛水量，又称取水量。

生活用水 包括城乡居民家庭生活用水和城乡公共设施用水（含第三产业及建筑业等用水）。

工业用水 指工矿企业用于生产活动的水量，包括主要生产用水、辅助生产用水（如机修、运输、空压站等）和附属生产用水（如绿化、办公室、浴室、食堂、厕所、保健站等），按新水取用量计，不包括企业内部的重复利用水量。

农业用水 包括耕地和林地、园地、牧草地灌溉用水，鱼塘补水及牲畜用水。

人工生态环境补水 仅包括人为措施供给的城镇环境用水和部分河湖、湿地补水，而不包括降水、径流自然满足的水量。

Explanatory Notes of Main Statistical Indicators

Water supply Gross amount of water provided by all kinds of water sources, including loss during transportation.

Water use Gross amount of water used by all kinds of users, including loss during transportation.

Domestic water use Includes water consumption of urban and rural resident households and public facilities (including third industry and construction industry).

Industrial water use Refers to the amount of water used for production activities of industrial and mining enterprises, including consumption of production and auxiliary production (such as maintenance of machinery and equipment, transportation air compression station and so on), as well as auxiliary production (such as greening, office, bathroom, dining hall, toilet, health care station and so on), which is calculated as new water abstraction and excluded from the amount of repetitive use within the enterprises.

Agricultural water use Includes water consumption of cultivated farmland, green field and grazing land, as well as water replenishing to fish pond and animal and livestock water use.

Artificial water recharge to eco-environment Includes water use of cities and towns for environment with artificial measures and water supplement to some river, lakes and wetlands, but not includes the amount of water from precipitation and natural runoff.

5 水土保持

Soil and Water Conservation

简 要 说 明

水土保持统计资料主要包括水土流失治理面积及其分类治理面积等，按年度、水资源一级区和地区进行分组。

1. 小流域治理统计范围是指列入县级以上（含县级）治理规划，并进行重点治理的流域面积在 5 平方千米以上的小流域。

2. 水土流失治理面积历史资料汇总 1976 年至今的数据；新增水土流失治理面积历史资料汇总 2000 年至今的数据。

3. 水土流失治理面积已与 2011 年水利普查数据进行了衔接。

Brief Introduction

Statistical data of soil and water conservation mainly includes recovered area from erosion and types of measures for erosion control. The data is grouped in accordance with year, Grade-I water resources region and region.

1. The scope of statistics for small watershed under control covers those listed in the plan at and above the county level, and drainage area of small watershed that has an area of more than 5 km^2, which carry out key governance.

2. Historical data of recovered area is collected from 1976 until present, and historical data of newly-increased recovered area is from 2000 until present.

3. The data of recovered area from erosion is integrated with the First National Census for Water of 2011.

5-1 水 土 流 失 面 积

Soil Erosion Area

单位：平方千米   unit: km^2

地 区	Region	水力侵蚀面积 Water Erosion Area	风力侵蚀面积 Wind Erosion Area	水土流失面积 Soil Erosion Area
合 计	**Total**	**1071407**	**1556173**	**2627580**
北 京	Beijing	1789		1789
天 津	Tianjin	178		178
河 北	Hebei	34478	4282	38760
山 西	Shanxi	55468	27	55495
内蒙古	Inner Mongolia	77385	492303	569688
辽 宁	Liaoning	32784	792	33576
吉 林	Jilin	27803	11211	39014
黑龙江	Heilongjiang	63676	7618	71294
上 海	Shanghai	36		36
江 苏	Jiangsu	2128		2128
浙 江	Zhejiang	7147		7147
安 徽	Anhui	11502		11502
福 建	Fujian	8661		8661
江 西	Jiangxi	22787		22787
山 东	Shandong	21361	604	21965
河 南	Henan	18573	1259	19832
湖 北	Hubei	29910		29910
湖 南	Hunan	28635		28635
广 东	Guangdong	16849		16849
广 西	Guangxi	36899		36899
海 南	Hainan	1623		1623
重 庆	Chongqing	23874		23874
四 川	Sichuan	100468	3406	103874
贵 州	Guizhou	45059		45059
云 南	Yunnan	96175		96175
西 藏	Xizang	57736	35447	93183
陕 西	Shaanxi	59601	1775	61376
甘 肃	Gansu	61125	119190	180315
青 海	Qinghai	36139	122663	158802
宁 夏	Ningxia	10278	4795	15073
新 疆	Xinjiang	81280	750801	832081

注 本数据来源于2023年度全国水土流失动态监测成果。

Note The data is sourced from national database of dynamic monitoring of soil erosion in 2023.

5-2 历年水土流失治理面积

Recovered Area from Soil Erosion by Year

单位：千公顷   unit: 10³hm²

年份 Year	水土流失治理 面积 Recovered Area	#水平梯田 Leveled Terraced Field	坝地 Gully Dammed Field	水保林 Water Conservation Forest
1976	42007	7383	942	
1977	42441	7161	929	20924
1978	40435	7239	891	
1979	40606	6461	931	21273
1980	41152	6539	895	21679
1981	41647	6427	878	21647
1982	41412	6367	924	22367
1983	42405	6457	922	22829
1984	44623	7062	1050	24570
1985	46393	6982	1275	25648
1986	47909	7436	1269	26923
1987	49528	7755	1579	27889
1988	51349	7952	1438	29461
1989	52154	8209	1495	30490
1990	52971	7623	1563	31660
1991	55838	8072	1893	33381
1992	58635			

年份 Year	水土流失 治理面积 Recovered Area	#小流域 治理面积 Recovered Area of Small Watershed	水土流失 治理面积 新增合计 Total Newly-increased Recovered Area	水平梯田 Leveled Terraced Field	坝地 Gully Dammed Field	水保林 Water Conservation Forest	种草 Planted Grassland	其他 Others	水土流失 治理面积 减少 Reduction of Recovered Area
1993	61253								
1994	64080								
1995	66855								
1996	69321								
1997	72242								
1998	75022								
1999	77828								

5-2 续表 continued

年份 Year	水土流失 治理面积 Recovered Area	#小流域 治理面积 Recovered Area of Small Watershed	水土流失 治理面积 新增合计 Total Newly-increased Recovered Area	水平梯田 Leveled Terraced Field	坝地 Gully Dammed Field	水保林 Water Conservation Forest	种草 Planted Grassland	其他 Others	水土流失 治理面积 减少 Reduction of Recovered Area
2000	80961	28473	4728						1595
2001	81539	30385	4888						4309
2002	85410	34255	5056						1186
2003	89714	35628	5538						1234
2004	92004	36040	4445						2156
2005	94654	37059	4198						1102
2006	97491	37915	3969						1543
2007	99871	38731	3916	311	58	1497	537	1513	1471
2008	101587	39189	3867	275	41	1474	492	1584	2666
2009	104545	41139	4318	412	38	1647	470	1751	1373
2010	106800	41602	4015	401	42	1500	409	1663	1737
2011	109664	41425	4008	437	46	1565	388	1572	1306
2012	102953	41131	4372	524	27	1564	406	1851	1452

年份 Year	水土流失 治理面积 Recovered Area	#小流域 治理面积 Recovered Area of Small Watershed	水土流失 治理面积 新增合计 Total Newly-increased Recovered Area	基本农田 Prime Farmland 水平梯田 Leveled Terraced Field	坝地 Gully Dammed Field	其他 Others	水保林 Water Conservation Forest	经济林 Economic Forest	种草 Planted Grassland	封禁治理 Blockading Administration	其他 Others
2013	106892	34248	5271	553	16	157	1411	568	340	1681	544
2014	111609	35813	5497	473	30	126	1507	567	361	1898	532
2015	115578	37883	5385	483	13	93	1408	556	323	1855	652
2016	120412	39738	5620	456	16	103	1690	643	423	1559	731
2017	125839	40847	5899	418	8		1521	628	426	1922	975
2018	131532	42204	6436	365	8		1627	718	421	2116	1182
2019	137325	43277	6685	329	5		1675	743	346	2286	1300
2020	143122	44423	6431	374	2		1411	639	399	2144	1462
2021	149552	45628	6843	392	4		1345	520	464	2167	1952
2022	156030	45635	6830	529	4		1310	342	544	2211	1890
2023	162724	46938	7039	469	1		1180	272	500	2381	2236

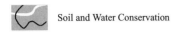
Soil and Water Conservation

5-3 2023年水土流失治理面积（按地区分）
Recovered Area from Soil Erosion in 2023 (by Region)

单位：千公顷　　　　　　　　　　　　　　　　　　　　　　　　　　unit: 10³hm²

地区	Region	水土流失治理面积 Recovered Area	#小流域治理面积 Recovered Area of Small Watershed	水土流失治理面积新增合计 Total Newly-increased Recovered Area	水平梯田 Leveled Terraced Field	坝地 Gully Dammed Field	水保林 Water Conservation Forest	经济林 Economic Forest	种草 Planted Grassland	封禁治理 Blockading Administration	其他 Others
合　计	Total	162724.3	46938.4	7038.8	468.6	1.4	1179.9	271.7	500.4	2381.3	2235.5
北　京	Beijing	1003.8	1003.8	12.8	0.02		0.35	0.02	0.002	12.4	0.001
天　津	Tianjin	105.0	51.3	0.5							0.5
河　北	Hebei	6573.3	3353.4	222.8	3.7		61.7	7.6	22.2	107.4	20.3
山　西	Shanxi	8417.5	955.8	392.8	42.2	1.1	143.4	6.9	23.3	135.9	40.0
内蒙古	Inner Mongolia	17289.1	3586.2	775.6	18.4		163.3	2.6	97.3	206.5	287.5
辽　宁	Liaoning	6385.9	2691.7	241.8	3.5		31.6	3.6	11.7	26.3	165.1
吉　林	Jilin	3457.2	274.9	226.9			20.4	0.9	6.8	13.9	184.9
黑龙江	Heilongjiang	7219.7	765.2	492.2	0.1		1.8	0.36	0.1	2.5	487.4
上　海	Shanghai										
江　苏	Jiangsu	979.9	366.0	9.8	0.01		0.5	0.4	1.3	1.86	5.7
浙　江	Zhejiang	3789.9	651.2	45.2	0.2		0.04	0.01	8.96	30.0	6.0
安　徽	Anhui	2352.2	1012.2	67.2	0.2		2.1	0.5	0.1	63.4	1.0
福　建	Fujian	4401.3	868.7	122.3	2.4		22.9	1.9	0.4	83.5	11.2
江　西	Jiangxi	6605.5	1594.8	137.0	0.05		30.5	20.8	1.4	84.3	
山　东	Shandong	4853.5	1736.3	131.0	28.2		10.8	2.6	0.7	46.7	42.0
河　南	Henan	4399.7	2445.2	136.4	10.5	0.2	39.7	8.6	5.8	56.3	15.2
湖　北	Hubei	6894.2	1351.5	163.2	7.3		17.7	18.5	1.8	108.2	9.5
湖　南	Hunan	4595.5	1063.5	184.5	13.3		45.4	38.9	6.3	78.8	1.8
广　东	Guangdong	2171.8	225.0	80.9	0.4		34.0	2.4	0.6	42.6	0.8
广　西	Guangxi	3622.1	861.4	197.3	1.6		20.3	31.5	0.2	141.4	2.3
海　南	Hainan	167.5	68.4	8.2			0.8	3.8		1.7	1.8
重　庆	Chongqing	4322.4	1930.7	213.3	33.3		18.3	5.8	0.4	48.2	107.4
四　川	Sichuan	12557.8	5265.2	529.2	63.0		39.6	30.4	93.6	155.2	147.5
贵　州	Guizhou	8550.4	3598.4	327.0	5.7		106.6	37.2	10.7	105.3	61.3
云　南	Yunnan	12192.1	2379.4	572.4	34.9		50.0	31.9	38.6	242.8	174.2
西　藏	Xizang	990.6	198.8	92.1	3.463		15.2	0.1	37.7	34.6	1.0
陕　西	Shaanxi	8952.9	3329.2	420.0	32.5		105.3	7.3	5.4	195.6	74.0
甘　肃	Gansu	12201.7	3316.9	709.6	122.4		116.9	6.2	97.8	158.7	207.6
青　海	Qinghai	2077.1	693.9	211.5	2.2		2.1	0.1	0.6	39.4	167.1
宁　夏	Ningxia	2762.8	944.2	96.4	39.1		24.3	0.3	3.5	28.1	1.1
新　疆	Xinjiang	2832.0	355.7	219.0			54.3	0.5	23.3	129.8	11.1

5-4　2023年水土流失治理面积（按水资源分区分）

Recovered Area from Soil Erosion in 2023 (by Water Resources Sub-region)

单位：千公顷　　　　　　　　　　　　　　　　　　　　　　　　　　　　　　　　　　　unit: 10³hm²

水资源 一级区 Grade-I Water Resources Sub-region		水土流失 治理面积 Recovered Area	#小流域 治理面积 Recovered Area of Small Watershed	水土流失 治理面积 新增合计 Total Newly-increased Recovered Area	基本农田 Prime Farmland		水保林 Water Conservation Forest	经济林 Economic Forest	种草 Planted Grassland	封禁治理 Blockading Administra- tion	其他 Others
					水平梯田 Leveled Terraced Field	坝地 Gully Dammed Field					
合　计	Total	**162724.3**	**46938.4**	**7038.8**	**468.6**	**1.4**	**1179.9**	**271.7**	**500.4**	**2381.3**	**2235.5**
松花江区	Songhua River	13547.1	1452.5	821.7	0.1		24.2	2.6	22.0	40.7	732.1
辽河区	Liaohe River	11010.5	3697.2	453.7	20.7		60.6	4.5	40.7	39.9	287.3
海河区	Haihe River	12169.6	5349.0	404.1	10.6	1.1	147.4	8.7	28.5	172.7	35.2
黄河区	Yellow River	32316.8	9278.6	1659.5	207.6	0.3	392.8	14.0	164.1	518.1	362.5
淮河区	Huaihe River	7013.7	2939.5	178.2	28.7		24.6	10.2	3.2	71.5	40.0
长江区	Yangtze River	52753.3	18292.0	1906.4	164.6		291.9	158.5	127.7	786.2	377.5
东南诸河区	Southeast Rivers	8045.2	1473.7	167.1	2.6		23.0	1.9	9.3	114.2	16.0
珠江区	Pearl River	10751.1	2331.6	471.3	6.2		89.3	51.6	5.0	244.9	74.3
西南诸河区	Southwest Rivers	6619.3	1040.6	378.3	27.4		26.8	18.8	44.0	177.4	83.9
西北诸河区	Northwest Rivers	8497.6	1083.7	598.4			99.4	0.8	55.8	215.7	226.7

5-5 2023年水土流失治理面积（按水资源分区和地区分）

Recovered Area from Soil Erosion in 2023 (by Water Resources Sub-region and Region)

单位：千公顷　　　　　　　　　　　　　　　　　　　　　　　　　　　　unit: 10³hm²

地区 Region	Region	水土流失治理面积 Recovered Area	#小流域治理面积 Recovered Area of Small Watershed	水土流失治理面积新增合计 Total Newly-increased Recovered Area	基本农田 Prime Farmland 水平梯田 Leveled Terraced Field	坝地 Gully Dammed Field	水保林 Water Conservation Forest	经济林 Economic Forest	种草 Planted Grassland	封禁治理 Blockading Administration	其他 Others
松花江区	**Songhua River**	**13547.1**	**1452.5**	**821.7**	**0.1**		**24.2**	**2.6**	**22.0**	**40.7**	**732.1**
内蒙古	Inner Mongolia	3223.0	424.7	127.4			3.5	1.4	15.1	25.4	82.0
吉 林	Jilin	3104.5	262.6	202.1			18.9	0.9	6.8	12.8	162.7
黑龙江	Heilongjiang	7219.7	765.2	492.2	0.1		1.8	0.4	0.1	2.5	487.4
辽河区	**Liaohe River**	**11010.5**	**3697.2**	**453.7**	**20.7**		**60.6**	**4.5**	**40.7**	**39.9**	**287.3**
内蒙古	Inner Mongolia	4427.5	1022.5	187.7	17.2		28.0	0.9	29.1	12.5	100.0
辽 宁	Liaoning	6230.3	2662.5	241.3	3.4		31.1	3.6	11.7	26.3	165.1
吉 林	Jilin	352.8	12.3	24.8			1.5	0.03		1.1	22.2
海河区	**Haihe River**	**12169.6**	**5349.0**	**404.1**	**10.6**	**1.1**	**147.4**	**8.7**	**28.5**	**172.7**	**35.2**
北 京	Beijing	1003.8	1003.8	12.8	0.02		0.35	0.02	0.002	12.4	0.001
天 津	Tianjin	105.0	51.3	0.5							0.5
河 北	Hebei	6573.3	3353.4	222.8	3.7		61.7	7.6	22.2	107.4	20.3
山 西	Shanxi	2913.9	370.4	123.9	6.8	1.1	62.2	0.7	2.8	43.4	7.0
内蒙古	Inner Mongolia	579.0	284.4	20.3			15.2	0.02	2.7	1.0	1.4
辽 宁	Liaoning	155.6	29.1	0.6	0.04		0.5				
山 东	Shandong	408.4	21.7	7.9			1.8	0.2	0.03	0.06	5.8
河 南	Henan	430.6	234.8	15.3	0.1		5.7	0.2	0.8	8.4	0.2
黄河区	**Yellow River**	**32316.8**	**9278.6**	**1659.5**	**207.6**	**0.3**	**392.8**	**14.0**	**164.1**	**518.1**	**362.5**
山 西	Shanxi	5503.6	585.3	268.9	35.4	0.1	81.2	6.2	20.5	92.4	33.0
内蒙古	Inner Mongolia	6157.1	1211.3	259.5	1.2		80.8	0.3	31.6	123.0	22.6
山 东	Shandong	421.7	196.5	13.9	1.6		0.4	0.02	0.01	4.3	7.6
河 南	Henan	1295.3	640.1	55.0	6.4	0.2	13.4	0.3	3.2	24.0	7.4
四 川	Sichuan	277.8	58.6	37.7					18.0	14.2	5.5
陕 西	Shaanxi	6044.3	2055.4	301.2	22.3		98.1	4.2	5.3	108.9	62.4
甘 肃	Gansu	8163.5	2938.8	449.0	99.4		92.5	2.6	81.8	89.7	83.1
青 海	Qinghai	1690.7	648.5	177.9	2.2		2.1	0.1	0.3	33.5	139.75
宁 夏	Ningxia	2762.8	944.2	96.4	39.1		24.3	0.3	3.5	28.1	1.1
淮河区	**Huaihe River**	**7013.7**	**2939.5**	**178.2**	**28.7**		**24.6**	**10.2**	**3.2**	**71.5**	**40.0**
江 苏	Jiangsu	518.2	169.1	5.4			0.5	0.4	0.7	0.3	3.4
安 徽	Anhui	600.0	215.5	14.9			0.8	0.04		13.6	0.4
山 东	Shandong	4023.4	1518.1	109.2	26.6		8.7	2.3	0.7	42.4	28.5
河 南	Henan	1872.2	1036.7	48.8	2.1		14.6	7.5	1.79	15.2	7.6

5-5 续表 continued

地区	Region	水土流失治理面积 Recovered Area	#小流域治理面积 Recovered Area of Small Watershed	水土流失治理面积新增合计 Total Newly-increased Recovered Area	基本农田 Prime Farmland		水保林 Water Conservation Forest	经济林 Economic Forest	种草 Planted Grassland	封禁治理 Blockading Administration	其他 Others
					水平梯田 Leveled Terraced Field	坝地 Gully Dammed Field					
长江区	**Yangtze River**	**52753.3**	**18292.0**	**1906.4**	**164.6**		**291.9**	**158.5**	**127.7**	**786.2**	**377.5**
上　海	Shanghai										
江　苏	Jiangsu	461.7	196.9	4.4	0.01		0.03	0.02	0.5	1.6	2.2
浙　江	Zhejiang	191.6	55.4	1.8						0.6	1.2
安　徽	Anhui	1706.6	787.3	51.0	0.2		1.3	0.4	0.1	48.4	0.6
江　西	Jiangxi	6605.5	1594.8	137.0	0.1		30.5	20.8	1.4	84.3	
河　南	Henan	801.6	533.5	17.3	1.9		6.0	0.7		8.7	0.1
湖　北	Hubei	6894.2	1351.5	163.2	7.3		17.7	18.5	1.8	108.2	9.5
湖　南	Hunan	4536.0	1062.3	183.4	13.3		45.1	38.5	6.3	78.4	1.8
广　西	Guangxi	133.2	76.2	4.9						4.9	
重　庆	Chongqing	4322.4	1930.7	213.3	33.3		18.3	5.8	0.4	48.2	107.4
四　川	Sichuan	12280.0	5206.6	491.5	63.0		39.6	30.4	75.6	141.1	142.0
贵　州	Guizhou	5779.6	2656.0	234.6	3.4		81.7	27.3	8.9	77.3	36.0
云　南	Yunnan	4465.9	1233.9	192.7	8.8		29.0	9.6	29.5	66.5	49.3
西　藏	Xizang	55.1	5.0	1.4	0.3		0.4	0.01	0.6		0.01
陕　西	Shaanxi	2908.6	1273.8	118.8	10.2		7.2	3.1	0.02	86.7	11.7
甘　肃	Gansu	1517.0	322.3	78.7	22.9		15.2	3.3	2.7	31.3	3.4
青　海	Qinghai	94.5	5.7	12.2							12.2
东南诸河区	**Southeast Rivers**	**8045.2**	**1473.7**	**167.1**	**2.6**		**23.0**	**1.9**	**9.3**	**114.2**	**16.0**
浙　江	Zhejiang	3598.3	595.8	43.4	0.2		0.04	0.01	8.96	29.4	4.8
安　徽	Anhui	45.6	9.3	1.4			0.05			1.3	
福　建	Fujian	4401.3	868.7	122.3	2.4		22.9	1.9	0.4	83.5	11.2
珠江区	**Pearl River**	**10751.1**	**2331.6**	**471.3**	**6.2**		**89.3**	**51.6**	**5.0**	**244.9**	**74.3**
湖　南	Hunan	59.5	1.1	1.0			0.3	0.4		0.4	
广　东	Guangdong	2171.8	225.0	80.9	0.4		34.0	2.4	0.6	42.6	0.8
广　西	Guangxi	3488.9	785.2	192.3	1.6		20.3	31.5	0.2	136.5	2.3
海　南	Hainan	167.5	68.4	8.2			0.8	3.8		1.7	1.8
贵　州	Guizhou	2770.8	942.5	92.3	2.3		24.9	9.9	1.8	28.0	25.3
云　南	Yunnan	2092.6	309.5	96.6	1.9		9.0	3.6	2.3	35.7	44.1
西南诸河区	**Southwest Rivers**	**6619.3**	**1040.6**	**378.3**	**27.4**		**26.8**	**18.8**	**44.0**	**177.4**	**83.9**
云　南	Yunnan	5633.6	836.0	283.1	24.2		12.0	18.7	6.8	140.6	80.8
西　藏	Xizang	935.5	193.8	90.7	3.2		14.8	0.1	37.1	34.6	1.0
青　海	Qinghai	50.2	10.8	4.5					0.1	2.3	2.1
西北诸河区	**Northwest Rivers**	**8497.6**	**1083.7**	**598.4**			**99.4**	**0.8**	**55.8**	**215.7**	**226.7**
内蒙古	Inner Mongolia	2902.6	643.4	180.8			35.8	0.02	18.9	44.5	81.5
甘　肃	Gansu	2521.3	55.8	181.8			9.3	0.3	13.4	37.8	121.1
青　海	Qinghai	241.7	28.8	16.9			0.002		0.3	3.6	13.0
新　疆	Xinjiang	2832.0	355.7	219.0			54.3	0.5	23.3	129.8	11.1

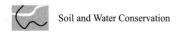

5-6 历年生产建设项目水土保持方案

Number of Soil and Water Conservation Plan in Development and Construction Project by Year

年份 Year	水土保持方案审批数量 /项 Approved Soil and Water Conservation Plan /unit	水土保持方案总投资 /万元 Total Investment of Soil and Water Conservation Plan /10⁴ yuan	减少新增人为水土流失面积 /千公顷 Reduction of Newly-increased Human-induced Eroded Area /10³ hm²	减少土壤流失量 /万吨 Reduction of Soil Loss /10⁴ t	水土保持设施验收数量 /个 Accepted Soil Conservation Facilities /unit
2007	21720	3518973	899	121317	4332
2008①	27389	3505679	789	117368	5648
2009①	22194	5645749	1609		
2010	24832	10102652	1304	113742	5205
2011	26296	14948872	1103		4842
2012	27858	14290605	1409	16438	5568
2013	30506	16280210	1250		6432
2014	30319		928		5646
2015	28809	14900062	3455	1816583	5739
2016	29157		1159		6744
2017	32257		1099		7632
2018	37866		1059		8995
2019	55923		2078		13627
2020	85781		2712		22205
2021	111873		2435		47667
2022	95213		3062		45751
2023	95987		3985		59027

① 2008 年、2009 年数据未统计上海地区。
① The data of Shanghai is not included in 2008 and 2009.

5-7 2023年全国生产建设项目水土保持方案（按地区分）

Number of Soil and Water Conservation Plan in Development and Construction Project in 2023 (by Region)

地区 Region		水土保持方案 审批数量 /个 Approved Soil and Water Conservation Plan /unit	减少新增人为 水土流失面积 /公顷 Reduction of Newly-increased Human-induced Eroded Area /hm²	水土保持设施 验收报备数量 /个 Accepted Soil Conservation Facilities /unit
合 计	Total	95987	3984904	59027
水利部	Ministry of Water Resources of People's Republic of China	74	34900	74
北 京	Beijing	451	6990	26
天 津	Tianjin	711	12511	650
河 北	Hebei	3429	85958	1833
山 西	Shanxi	2291	61049	936
内蒙古	Inner Mongolia	3040	122194	1251
辽 宁	Liaoning	1739	22935	1212
吉 林	Jilin	1283	47769	315
黑龙江	Heilongjiang	1948	29300	569
上 海	Shanghai	192	2238	962
江 苏	Jiangsu	6657	56067	4362
浙 江	Zhejiang	4563	1372062	2825
安 徽	Anhui	5148	122002	2956
福 建	Fujian	2920	30330	1868
江 西	Jiangxi	3035	85546	4256
山 东	Shandong	5874	399754	4783
河 南	Henan	2778	36075	999
湖 北	Hubei	3885	98272	1079
湖 南	Hunan	3162	49928	1113
广 东	Guangdong	4800	125007	267
广 西	Guangxi	2752	161533	3945
海 南	Hainan	1149	22957	598
重 庆	Chongqing	1872	21830	1505
四 川	Sichuan	6559	103479	4392
贵 州	Guizhou	2577	44813	6190
云 南	Yunnan	2903	69350	1696
西 藏	Xizang	3248	186582	527
陕 西	Shaanxi	2917	51755	1341
甘 肃	Gansu	3068	12521	1435
青 海	Qinghai	977	50378	398
宁 夏	Ningxia	1512	34781	598
新 疆	Xinjiang	8473	424038	4066

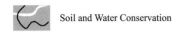

主要统计指标解释

水土流失 指在水力、风力、重力及冻融等自然营力和人类活动作用下，水土资源和土地生产力的破坏和损失。土壤侵蚀强度为轻度和轻度以上的土地面积称水土流失面积。

水土流失治理面积（又称水土保持面积） 指在山丘地区水土流失土地上，按照综合治理的原则，采取各种治理措施，如水平梯土（田）、淤地坝、谷坊、造林种草、封山育林育草等治理的水土流失面积总和。

水平梯田 指在坡地上沿等高线修建的、断面呈阶梯状的田块。（注：在我国南方，旱作梯田称梯地或梯土，种植水稻的称梯田。）

坝地 在沟道拦蓄工程上游因泥沙淤积形成的地面较平整的可耕作土地。

水保林 以防治水土流失为主要功能的人工林和天然林。根据其功能的不同，可分为坡面防护林、沟头防护林、沟底防护林、塬边防护林、护岸林、水库防护林、防风固沙林、海岸防护林等。

种草 在水土流失地区，为蓄水保土，改良土壤，发展畜牧，美化环境，促进畜牧业发展而进行的草本植物培育活动。

小流域治理面积 指以小流域为单元，根据流域内的自然条件，按照土壤侵蚀类型的特点和农业区划方向，在全面规划的基础上，合理安排农、林、牧、副各业用地，布置水土保持农业技术措施，林草措施与工程措施，相互协调、相互促进形成综合的水土流失防治面积。凡列入县级以上治理规划，并进行重点治理的，流域面积大于5平方千米小于50平方千米的小流域治理面积均进行统计。

Explanatory Notes of Main Statistical Indicators

Soil erosion　Damage or losses to water and land resources and its productivity under the action of natural force and human activities, such as hydraulic, wind, gravity and freeze thawing factors. The area of soil erosion refers to the land suffers from slight soil erosion intensity or above.

Recovered area from soil erosion (also named soil and water conservation area)　Total area recovered from erosion in mountainous or hilly areas, with comprehensive control measures, including terraced fields, silt retention dam, check dam, reforestation, grass plantation, ban of wood cutting and grazing, under the principle of integrated management.

Leveled terraced field　Cultivated land with a cascade section built along the contour lines on slope land. (Note: In southern part of China, dry terraces are called land terraces or earth terraces, and paddy terraces are called terraced fields.)

Gully dammed field　Relatively leveled cultivated land created by upstream silt arrested by silt retention dam in the gully.

Water conservation forest　It refers to artificial and nature forests mainly for control of soil and water loss. According to its functions, it is grouped into protection forests for slope, gully head, gully bottom, plateau edge, bank, reservoir, wind and sand and sea coast.

Planted grassland　Activities of planting and cultivating grass in eroded area, for the purposes of conserving soil and water, soil improvement, pasture development, environment beatification and conservation in animal husbandry.

Recovered area of small watershed　It refers to the area covered by a comprehensive erosion control system that integrates agricultural technology, forest-grass and structural measures, and makes an appropriate arrangement of land use for agricultural, forestry, husbandry and agricultural by-product production, by taking small watershed as an unit and based on natural condition, type and feature of soil erosion, agricultural zoning, under the guidance of overall planning. If a watershed is in the list of management plan at and above the county level as major project, all of the area larger than 5 km^2 and smaller than 50 km^2 should be included in the statistics.

6 水利建设投资

Investments in Water Project Construction

简 要 说 明

水利建设投资统计资料主要包括水利固定资产投资、项目、完成、工程量情况以及工程能力和效益等。

本部分资料主要按地区分组。历史资料汇总1963年至今的数据。由于水利建设投资统计报表制度调整，2016年地方政府分来源统计数据有变化。

Brief Introduction

Statistical data of investments in water project construction mainly includes investment of fixed assets, number of projects, completion of investment, completed civil works, capacity and benefits of projects etc.

The data is divided into groups based on river basin and region. Historical data is collected from 1963 until present. Due to adjustment of statistical system for investment in water project construction, the sources of data of local government funding for water project construction of 2016 were also adjusted accordingly.

6-1　主　要　指　标

Key Indicators

单位：亿元　　　　　　　　　　　　　　　　　　　　　　　　　　　　　　　　　　unit: 10^8 yuan

指标名称	Item	2005	2006	2007	2008	2009	2010
中央水利建设计划投资	Investment Plan of Central Government in Water Projects	271.6	298.7	308.8	625.4	637.0	984.1
水利建设完成投资	Completed Investment for Water Project Construction	746.8	793.8	944.9	1088.2	1894.0	2319.9
按投资来源分：	Divided by Sources:						
（1）国家预算内拨款	National Budget Allocation	133.1	193.2	270.0	390.4		960.5
（2）国家预算内专项	Special Funds from National Budget	179.4	184.7	195.7	160.5		918.8
（3）国内贷款	Domestic Loan	94.2	80.7	83.4	96.9		337.4
（4）利用外资	Foreign Investment	19.3	14.3	9.5	10.5		1.3
（5）自筹资金	Self-raising Funds	242.2	212.3	219.9	235.4		48.0
（6）水利建设基金	Water Project Construction Funds	30.3	36.1	67.8	60.5		2.5
（7）其他投资	Other Investment	48.5	72.5	98.6	134.1		51.4
按投资用途分：	Based on Investment Purposes:						
（1）防洪工程	Flood Control Projects	292.8	288.1	318.5	370.0	674.8	684.6
（2）水资源工程	Water Resources Projects	223.1	317.7	405.1	467.8	866.0	1070.5
（3）水土保持及生态建设	Soil and Water Conservation and Ecological Restoration Projects	39.2	42.2	60.3	76.9	86.7	85.9
（4）水电工程	Hydropower Development	65.5	57.3	66.5	77.4	72.0	105.4
（5）行业能力建设	Capacity Building	32.7	20.2	8.9	10.6		19.6
（6）其他	Others	93.6	68.3	85.6	85.5		24.9

注　1. 从 2003 年开始，中央水利建设计划投资包括南水北调当年投资。

　　2. 2007 年中央水利建设计划投资不包括当年中央财政转移支付地方水利专项资金 32 亿元和小型农田水利建设中央财政专项补助资金 10 亿元。

　　3. 2008 年中央水利建设计划投资不包括当年小型农田水利建设中央财政专项补助资金 30 亿元。

Notes　1. Investment plans of central government for water project construction since 2003 include those for South-North Water Diversion Project.

　　2. In 2007, investment plans of central government for water project construction exclude 3.2 billion yuan of Central Government funds transferred to special funds of local governments and 1 billion yuan of special funds to small on-farm irrigation and drainage works from the Central Government Finance.

　　3. In 2008, investment plans of central government for water project construction exclude 3 billion yuan of special funds to small on-farm irrigation and drainage works from the Central Government Finance.

6-1　续表　continued

指标名称 / Item		2011	2012	2013	2014	2015	2016	2017	2018	2019	2020	2021	2022	2023
中央水利建设计划投资	Investment Plan of Central Government for Water Projects	1140.7	1623.0	1408.3	1627.1	1685.2	1415.9	1558.6	1554.6	1466.1	1456.2	1482.0	1485.6	1478.5
水利建设完成投资	Completed Investment for Water Project Construction	3086.0	3964.2	3757.6	4083.1	5452.2	6099.6	7132.4	6602.6	6711.7	8181.7	7576.0	10893.2	11996.2
按投资来源分：	Divided by Sources:													
（1）中央政府投资	Central Government	1435.4	2033.2	1729.8	1648.5	2231.2	1679.2	1757.1	1752.7	1751.1	1786.9	1708.6	2217.9	2552.2
（2）地方政府投资	Local Government	1223.7	1464.5	1542.0	1862.5	2554.6	2898.2	3578.2	3259.4	3487.9	4847.8	4236.8	6004.1	6128.9
（3）国内贷款	Domestic Loan	270.3	265.6	172.7	299.6	338.6	879.6	925.8	735.9	636.3	614.0	698.9	1450.7	2023.3
（4）利用外资	Foreign Investment	4.4	4.1	8.6	4.3	7.6	7.0	8.0	4.9	5.7	10.7	8.1	5.9	
（5）企业和私人投资	Company and Private Investment	74.9	113.4	160.7	89.9	187.9	424.7	600.8	565.1	588.0	690.4	718.2	1065.5	1291.9
（6）债券	Bonds	3.9	5.2	1.7	1.7	0.4	3.8	26.5	41.6	10.0	87.2	104.3	75.1	
（7）其他投资	Others	73.4	78.3	142.1	176.5	131.7	207.1	235.9	242.9	232.8	144.8	101.1	74.0	
按投资用途分：	Divided by Investment Purposes:													
（1）防洪工程	Flood Control	1018.3	1426.0	1335.8	1522.6	1930.3	2077.0	2438.9	2175.4	2091.3	2801.8	2497.0	3628.4	3946.4
（2）水资源工程	Water Resources	1284.1	1911.6	1733.1	1852.2	2708.3	2585.2	2704.9	2550.0	2646.8	3076.7	2866.4	4473.5	5095.4
（3）水土保持及生态建设	Soil and Water Conservation and Ecological Restoration	95.4	118.1	102.9	141.3	192.9	403.7	682.6	741.5	913.4	1220.9	1123.6	1625.7	1445.6
（4）水电工程	Hydropower Development	109.0	117.2	164.4	216.9	152.1	166.6	145.8	121.0	106.7	92.4	78.8	107.3	79.2
（5）行业能力建设	Capacity Building	40.2	59.6	52.5	40.9	29.2	56.9	31.5	47.0	63.4	85.2	79.9	124.4	130.7
（6）前期工作	Early-stage Work	42.0	40.7	40.7	65.1	101.9	174.0	181.2	132.0	132.7	157.3	136.5	204.1	243.5
（7）其他	Others	329.0	496.9	291.1	328.2	244.2	337.5	636.2	947.5	757.4	747.3	793.8	730.0	1055.5

6-2 历年水利建设施工和投产项目个数

Number of Water Projects Under-construction and Put-into-operation by Year

单位：个

unit: unit

年份 Year	施工项目 Under-construction	#新开工项目 Newly-started Project	部分投产项目 Partially Put-into-operation	全部投产项目 Fully Put-into-operation
1993	2268	963		694
1994	2300	931		678
1995	2286	931		571
1996	2146	920		635
1997	2320	1091		753
1998	2932	1699		696
1999	2632	1033		722
2000	3456	1901		1106
2001	3344	1792	397	825
2002	4203	2171	827	1103
2003	5196	2834	1305	1376
2004	4307	1816	1313	1249
2005	4855	2095	1709	1407
2006	4614	2158	1596	1422
2007	4852	2203	1428	1584
2008	7529	4418	1380	2683
2009	10715	5992	1025	5499
2010	10704	5811	979	6346
2011	14623	10281	715	7968
2012	20501	13364	708	10282
2013	20266	12199		9016
2014	21630	13518		9612
2015	25184	16702		13816
2016	26331	18410		14781
2017	26698	19724		14615
2018	27930	19786		15713
2019	28742	20779		16268
2020	30005	22532		18772
2021	31614	20900		18993
2022	40680	25035		29433
2023	41014	27925		29262

注 1. 1991—2000 年以及 2013—2020 年未细分当年部分投产与全部投产，均为"全部投产项目"。
　　2. 本表只包括当年正式施工的水利工程设施项目和机构能力建设项目，不包括建设投资计划安排的水利前期、规划及专题研究等项目。

Notes 1. The number of projects putting into operation is used for the data of 1991–2000 and 2013–2020, which is not separated into groups of partially-operated and fully-operated.
　　2. This table only includes water project under construction and capacity building, excluding projects conducted in the early stage such as feasibility studies, planning and special-subject studies.

6-3 2023 年水利建设施工和投产项目个数（按地区分）

Number of Water Projects Under-construction and Put-into-operation in 2023 (by Region)

单位：个

地区	Region	施工项目 Under-construction	#新开工项目 Newly-started Project	全部投产项目 Fully Put-into-operation
合　计	**Total**	**41014**	**27925**	**29262**
北　京	Beijing	120	48	15
天　津	Tianjin	144	52	54
河　北	Hebei	1394	1093	999
山　西	Shanxi	1834	1413	1584
内蒙古	Inner Mongolia	1256	1017	1029
辽　宁	Liaoning	1552	1164	1328
吉　林	Jilin	799	557	598
黑龙江	Heilongjiang	1058	778	738
上　海	Shanghai	552	166	173
江　苏	Jiangsu	1237	902	1029
浙　江	Zhejiang	1917	1008	825
安　徽	Anhui	1135	751	635
福　建	Fujian	1367	892	1034
江　西	Jiangxi	1981	1653	1605
山　东	Shandong	955	677	834
河　南	Henan	1243	961	1026
湖　北	Hubei	1933	1380	793
湖　南	Hunan	2031	1831	2334
广　东	Guangdong	2971	1677	1469
广　西	Guangxi	1813	1081	1304
海　南	Hainan	233	149	136
重　庆	Chongqing	1257	695	705
四　川	Sichuan	1938	1313	1527
贵　州	Guizhou	2376	1427	1631
云　南	Yunnan	2177	1257	1036
西　藏	Xizang	498	140	320
陕　西	Shaanxi	2055	1503	1841
甘　肃	Gansu	1355	1004	1129
青　海	Qinghai	513	342	550
宁　夏	Ningxia	481	341	373
新　疆	Xinjiang	839	653	608

注　本表只包括当年正式施工的水利工程设施项目和机构能力建设项目，不包括建设投资计划安排的水利前期、规划及专题研究等项目。

Note　This table only includes water projects under construction and capacity building, excluding work conducted in the early stage of the project such as feasibility studies, planning and special-subject studies.

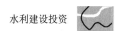

6-4　历年水利建设完成投资

Completed Investment for Water Project Construction by Year

单位：万元　　　　　　　　　　　　　　　　　　　　　　　　　　　　　　　　unit: 10^4 yuan

年份 Year	完成投资合计 Total Completed Investment	中央投资 Central Government Investment	其他投资 Others
1961	96041		
1962	77990		
1963	86760		
1964	100800		
1965	101600		
1966	161400		
1967	145800		
1968	88100		
1969	135700		
1970	170400		
1971	210000		
1972	227900		
1973	240900		
1974	236700		
1975	260600		
1976	291400		
1977	286600		
1978	353300		
1979	370400		
1980	270700		
1981	135700		
1982	174737		
1983	211296		
1984	206828		
1985	201580		
1986	228702		
1987	271012		
1988	306454		
1989	355508		
1990	487203		
1991	648677		
1992	971670		
1993	1249260		
1994	1687353		
1995	2063156		
1996	2385240		
1997	3154061		
1998	4676865		
1999	4991476		
2000	6129331	2954199	3175132
2001	5607065	2757822	2849243
2002	8192153	4149894	4042259
2003	7434176	3124746	4309430
2004	7835450	2925784	4909666
2005	7468483	2547065	4921418
2006	7938444	2987571	4950873
2007	9448538	3550444	5898094
2008	10882012	4169558	6712455
2009	18940321	8453697	10486624
2010	23199265	9604835	13594430
2011	30860284	14353990	16506294
2012	39642358	20332106	19310252
2013	37576331	17298370	20277960
2014	40831354	16485110	24346244
2015	54522165	22312410	32209755
2016	60995861	16790762	44205099
2017	71323681	17571183	53752498
2018	66025726	17527438	48498378
2019	67117376	17511092	49606284
2020	81816711	17868781	63947930
2021	75759565	17085856	58673709
2022	108931954	22179448	86752506
2023	119962355	25521942	94440413

6-5 历年水利建设到位投资

Allocated Investment for Water Project Construction by Year

单位：万元   unit: 10^4 yuan

年份 Year	计划 投资 Planned Investment	到位投资 合计 Total Allocated Investment	中央投资 Central Government Investment	其他投资 Others
2001	8158739	5820373	3063614	2756759
2002	7873236	6985271	3552762	3432509
2003	8137149	6794217	2926763	3867454
2004	7902719	6393526	2315087	4078439
2005	8273650	7122425	2439757	4682668
2006	9327119	8404460	3428579	4975881
2007	10264653	9208767	3403233	5805533
2008	16040746	14184747	6497568	7687178
2009	17026927	17243218	6560403	10682815
2010	27075729	25800210	13639088	12161123
2011	33481528	32243193	15535845	16707349
2012	40876505	39956593	21100811	18855782
2013	39539765	38210322	17658910	20551412
2014	43450623	43114345	18049685	25064660
2015	48263718	47401460	18632804	28768656
2016	62214867	60576270	16777604	43798666
2017	71882059	70151774	17794492	52357282
2018	65980210	63938343	17529155	46409188
2019	69892344	68753565	17335333	51418232
2020	83294506	80437076	18130461	62306615
2021	80195851	77296105	18675126	58620979
2022	115639913	111463401	21932495	89530906
2023	122381641	105316555	21788585	83527970

6-6　2023 年水利建设到位投资和完成投资（按地区分）

Allocated and Completed Investment of Water Project Construction in 2023
(by Region)

单位：万元　　　　　　　　　　　　　　　　　　　　　　　　　　　　　　　　　　　　　unit: 10⁴ yuan

地区	Region	计划投资 Planned Investment	到位投资 合计 Total Allocated Investment	#中央投资 Central Government Investment	地方投资 Local Government Investment	完成投资 合计 Total Completed Investment	#中央投资 Central Government Investment	地方投资 Local Government Investment
合　计	Total	122381641	105316555	21788585	54856406	119962355	25521942	61288051
北　京	Beijing	534525	571780	154581	404438	552959	71561	471228
天　津	Tianjin	831605	348124	77968	141135	462891	72801	211768
河　北	Hebei	6786344	3353482	1262869	1751137	6705352	1251890	3848556
山　西	Shanxi	2252771	2170006	443544	1156325	2205402	455373	1214142
内蒙古	Inner Mongolia	1652649	1432124	436102	697244	1700285	444829	814769
辽　宁	Liaoning	1798482	1765788	475213	733173	2216190	642696	970355
吉　林	Jilin	1568494	1007413	505512	300494	1575655	828164	440766
黑龙江	Heilongjiang	936768	627094	229823	341882	864367	369689	430031
上　海	Shanghai	1707456	974371	5359	968999	1654237	5310	1648898
江　苏	Jiangsu	6439602	6381185	1161068	4564304	6391613	1127616	4468259
浙　江	Zhejiang	8019591	7970248	404434	4773860	7986334	375665	4778271
安　徽	Anhui	6500041	6425261	1329888	3647543	6421900	1409488	3776668
福　建	Fujian	5863157	5788570	481608	3761576	5742522	472552	3784540
江　西	Jiangxi	6618135	5408600	690812	2792242	6022730	784137	3109178
山　东	Shandong	7265388	5402472	655654	2883883	7141758	856530	3616406
河　南	Henan	6363322	6193375	970721	2291126	5994309	954403	2136528
湖　北	Hubei	7411911	5705315	1256924	2049615	6979525	2107561	2492842
湖　南	Hunan	6352970	6352970	1863435	3032780	6320707	1859210	3019744
广　东	Guangdong	10138188	9466582	722664	6708563	10070952	788253	6745264
广　西	Guangxi	4163500	2603398	760414	1089175	3300455	991974	1131704
海　南	Hainan	831775	831775	134242	668551	929069	140436	772459
重　庆	Chongqing	4021310	3638965	1451422	810635	4061560	1625452	1044215
四　川	Sichuan	6027784	5361985	1234125	2509385	5456471	1329203	2447692
贵　州	Guizhou	2757716	2755318	690229	1375359	2623322	535855	1603270
云　南	Yunnan	4711192	3035064	850438	1201130	5247953	2060564	1669991
西　藏	Xizang	320198	307941	282030	25911	506087	471695	34392
陕　西	Shaanxi	3700175	3147472	877920	1493179	3559618	886427	1535568
甘　肃	Gansu	1947251	1853937	610124	963971	2147160	634469	1137484
青　海	Qinghai	582858	523902	221476	243829	561284	242738	256423
宁　夏	Ningxia	773696	633626	307998	229192	738933	366034	229035
新　疆	Xinjiang	3502785	3278412	1239989	1245771	3820755	1359369	1447604

注　本年投资来源中只单列中央和地方政府投资，利用外资、企业和私人投资以及贷款等投资包含在合计项目中。

Note　Only central and local government investment are listed separately in the sources of the investment in the present year and the investments of foreign capital, enterprises, private sector and bank loans are included in the total.

6-7 历年中央水利建设计划投资

Investment Plan of Central Government for Water Projects by Year

单位：万元　　　　　　　　　　　　　　　　　　　　　　　　　　　　　　　　　　　　　　　unit: 10^4 yuan

年份 Year	合计 Total	中央投资合计 Total Investment of Central Government	国家预算内拨款 National Budget Allocation	国家预算内专项资金 Special Funds from National Budget	银行贷款 Bank Loan	水利建设基金 Water Project Construction Funds	利用外资 Foreign Investment	自筹资金 Self-raising Funds	财政专项 Financial Special Funds	地方配套 Local Counterpart Funds
1991	655166									
1992	1028934									
1993	1376411									
1994	1886707									
1995	2231891									
1996	2688028	1055600	439600		335000		185000	500	95500	1632428
1997	3384137	1368861	627800		345775	219590	166000	9696		2015276
1998	7101177	3623900	802700	2177900	326900	140000	156400	20000		3477277
1999	7035634	3376228	593800	2334410	105658	180000	149000	13360		3659406
2000	6109753	2641132	573750	1776382	15000	180000	66000	30000		3468621
2001	5731680	3799585	542912	2991024		180000	85649			1932095
2002	5731139	3210070	723500	2235070		140000	111500			2521069
2003	6562394	3272983	802500	2311472		110000	49011			3289411
2004	5239960	2788097	687420	1982876		110000	7801			2451863
2005	4955283	2715788	721895	1883644		110000	249			2239495
2006	6254734	2987103	1587945	1294158		105000				3267631
2007	6326569	3088220	1386312	1578908		120000	3000			3238349
2008	11772273	6254207	5494207			120000			640000	5518066
2009	10674744	6370307	4800307			120000			1450000	4304437
2010	18868884	9840567	7010567			150000			2680000	9028317
2011	20518583	11407487	6540567			280000			4586920	9111096
2012	24693914	16229994	8910567			275000			7044427	8463920
2013	20872164	14083113	7170764			222700			6689649	6789051
2014	24262307	16271456	7671817				61950		8385689	7990851
2015	23814269	16852176	8171117			220000			8461059	6962093
2016	20025747	14158877	8159138						5999739	5866870
2017	23603959	15585510	8935510						6650000	8018449
2018	23360456	15545932	8795932						6750000	7814524
2019	22230249	14660900	9118600						5542300	7569349
2020	25179537	14561901	8919601						5642300	10617636
2021	26443451	14819850	9009650						5810200	11623601
2022	28607678	14856552	8796217						6060335	13751126
2023	26949105	14785189	8603100						6182089	12163916

注　1. 从 2003 年开始，中央水利建设计划投资包括南水北调当年投资。

　　2. 2007 年中央水利建设计划投资不包括当年中央财政转移支付地方水利专项资金 32 亿元。

　　3. 2008 年中央水利建设计划投资不包括当年小型农田水利建设中央财政专项补助资金 30 亿元。

Notes　1. Investment plans of central government for water project construction since 2003 include those for South-North Water Diversion Project.

　　2. In 2007, investment plans of central government for water project construction exclude 3.2 billion yuan of Central Government funds transferred to special funds of local governments.

　　3. In 2008, investment plans of central government for water project construction exclude 3 billion yuan of special funds to small on-farm irrigation and drainage works from the Central Government Finance.

6-8 2023 年中央水利建设计划投资（按地区分）

Investment Plan of Central Government for Water Projects in 2023 (by Region)

单位：万元

unit: 10⁴ yuan

地区 Region		合计 Total	中央投资合计 Total Investment of Central Government	国家预算内拨款 National Budget Allocation	财政专项 Financial Special Funds	地方配套 Local Counterpart Funds
合　计	**Total**	**26949105**	**14785189**	**8603100**	**6182089**	**12163916**
北　京	Beijing	60933	45358	9668	35690	15575
天　津	Tianjin	24082	19987	2435	17552	4095
河　北	Hebei	642963	553491	165741	387750	89472
山　西	Shanxi	411342	325417	170349	155068	85925
内蒙古	Inner Mongolia	627799	361238	207646	153592	266561
辽　宁	Liaoning	469007	352901	189972	162929	116106
吉　林	Jilin	627531	478491	302141	176350	149040
黑龙江	Heilongjiang	447834	297931	113157	184774	149903
上　海	Shanghai	1247	1247		1247	
江　苏	Jiangsu	1416657	823520	663819	159701	593137
浙　江	Zhejiang	426790	201590	85800	115790	225200
安　徽	Anhui	2361757	1140700	834126	306574	1221057
福　建	Fujian	896577	373718	164593	209125	522859
江　西	Jiangxi	888857	585230	309524	275706	303627
山　东	Shandong	684221	348837	151109	197728	335384
河　南	Henan	710379	480978	221042	259936	229401
湖　北	Hubei	1159574	653542	407265	246277	506032
湖　南	Hunan	1548370	1030069	602950	427119	518301
广　东	Guangdong	1687984	337850	224953	112897	1350134
广　西	Guangxi	700703	464482	192154	272328	236221
海　南	Hainan	211740	94375	55901	38474	117365
重　庆	Chongqing	983625	471624	249039	222585	512001
四　川	Sichuan	1724586	975164	549968	425196	749422
贵　州	Guizhou	1360092	594137	338933	255204	765955
云　南	Yunnan	2205300	741543	418148	323395	1463757
西　藏	Xizang	232554	220722	88503	132219	11832
陕　西	Shaanxi	961165	494072	224618	269454	467093
甘　肃	Gansu	486432	397760	152298	245462	88672
青　海	Qinghai	180241	134001	32112	101889	46240
宁　夏	Ningxia	159029	103593	43136	60457	55436
新　疆	Xinjiang	1436191	912801	663180	249621	523390
中央直属	Organizations Directly under the Central	1213543	768820	768820		444723

6-9 2023 年中央水利建设计划投资（按项目类型分）
Investment Plan of Central Government for Water Projects in 2023 (by Type)

单位：万元   unit: 10⁴ yuan

项 目 类 型	Type of Project	合计 Total	中央投资 Investment of Central Government	地方配套 Local Counterpart Funds
合　计	**Total**	**26949105**	**14785189**	**12163916**
一、中央预算内投资	**National Budget Allocation**	**20767016**	**8603100**	**12163916**
（一）国家水网骨干工程	**Major Water Projects**	**14045221**	**5600000**	**8445221**
1. 防洪减灾工程	Flood control and disaster reduction	4485675	2167996	2317679
1.1 蓄滞洪区建设	Flood storage and detention area	992479	592827	399652
1.2 其他工程	Others	3493196	1575169	1918027
2. 水资源配置工程	Optimized allocation of water resources	6624695	1897661	4727034
3. 重大农业节水工程	Water-saving irrigation	2719048	1399102	1319946
3.1 大中型灌区续建配套节水改造骨干工程	Continued construction of counterpart system for water saving of large & medium irrigation districts	1330502	931902	398600
3.2 新建大型灌区	Newly-constructed large irrigation districts	1388546	467200	921346
4. 水生态治理工程	Water ecological restoration and improvement	215803	135241	80562
（二）水安全保障工程	**Water Security and Assurance Projects**	**6509799**	**2830000**	**3679799**
1. 流域面积 3000 平方千米以上中小河流治理	Small and medium rivers with a drainage area of more than 3,000 km²	3000534	1453979	1546555
2. 重点区域排涝能力建设	Reinforcement of drainage system capability in major areas	884358	319950	564408
3. 大中型病险水库除险加固	Large & Medium risky reservoir reinforcement	417805	247291	170514
4. 中型水库	Medium-sized reservoirs	1850865	508780	1342085
5. 永定河综合治理与生态修复	Water ecological restoration and improvement of Yongdinghe River	100000	100000	
6. 坡耕地水土流失治理	Soil erosion control of slope cultivated land	166380	128896	37484
7. 新建淤地坝	Silt-trap dam construction	89857	71104	18753
（三）行业能力建设	**Capacity Building**	**211996**	**173100**	**38896**
1. 部属基础设施建设	MWR basic infrastructures construction	21100	21100	
2. 水文基础设施建设（中央）	Hydrological infrastructure construction (MWR)	70000	70000	
3. 水文基础设施建设（地方）	Hydrological infrastructure construction (local)	88896	50000	38896
4. 前期工作	Early-stage work	32000	32000	
二、中央财政水利发展资金	**Specil Development Funds of Central Government Finance**	**6182089**	**6182089**	

6-10　历年分资金来源中央政府水利建设完成投资

Completed Investment of Central Government for Basic Water Project Construction by Financial Resources and Year

单位：万元　　　　　　　　　　　　　　　　　　　　　　　　　　　　　　　　unit: 10^4 yuan

年份 Year	完成投资合计 Total Completed Investment	国家预算内拨款 National Budget Allocation	国家预算内专项资金 Special Funds from National Budget	国内贷款 Domestic Loan	债券 Bonds	水利建设基金 Water Project Construction Funds	利用外资 Foreign Investment	自筹资金 Self-raising Funds	其他 Others
2003	3124746	537661	2319549	75825	2080	116441	24625	6890	41674
2004	2925784	845984	1891397	46866		75751	38935	8831	18020
2005	2547065	659224	1769155			90406		3499	24782
2006	2987571	1160369	1728516			70474		3389	24824
2007	3550444	1694283	1737805			83395		16833	18128
2008	4169558	2499243	1326835			215404		2660	125415
2009	8453697	6651275	694317			528613		4111	575381
2010	9604835	6077624	162274			1679759		2338	1682839
2011	14353990	5865385	18996	3459382	4219353	294695		7217	488962
2012	20332106	9423985	49308	6263232	3961091	377388	1349	255754	488962

年份 Year	完成投资合计 Total Completed Investment	国家预算内拨款 National Budget Allocation	国家预算内专项资金 Special Funds from National Budget	财政专项资金 Financial Special Funds	重大水利工程建设基金 Major Water Project Construction Funds	水利建设基金 Water Project Construction Funds	自筹资金 Self-raising Funds	其他 Others
2013	17298370	7739486	18037	5043911	3992849	181873	3863	318352
2014	16485110	8120690	15802	6350347	1070910	142712		784648
2015	22312410	10547144	3698	10675623	475248	66673		544023
2016	16792314	9303026		7247845	10202	9687	7728	213827
2017	17571183	10023960		7209334	65043	3790		269055
2018	17527348	9579176		7556774	205730	5870	3552	176245
2019	17511092	10009124		6726845	26820	109964	1564	636774
2020	17868781	9610948		7848570				409263
2021	17085856	8582481		8049043	18186			436146
2022	22179448	10218887		10772127	217999			970434
2023	25521942	12087551		7199261	791687			5443445

注　2014 年开始，中央水利建设计划投资其他项中包括土地出让收益。2021 年财政专项资金包含特别国债 154252 万元。

Note　The other items under the Central Government investment plan for water project construction include land sale revenues since 2014. In 2021, Financial Special Funds include Special treasury bonds 1,542.52 million RMB.

6-11 2023 年分资金来源中央政府水利建设完成投资（按地区分）

Completed Investment of Central Government for Basic Water Project Construction by Financial Resources in 2023 (by Region)

单位：万元 　　　　　　　　　　　　　　　　　　　　　　　　　　　　　　　　　　unit: 10⁴yuan

地区 Region		完成投资 合计 Total Completed Investment	国家预算内 拨款 National Budget Allocation	财政专项 资金 Financial Special Funds	重大水利建设基金 Major Water Project Construction Funds	其他 Others
合　计	Total	**25521942**	**12087551**	**7199261**	**791687**	**5443445**
北　京	Beijing	71561	23791	20043		27727
天　津	Tianjin	72801	41390	31411		
河　北	Hebei	1251890	287918	363842	63885	536244
山　西	Shanxi	455373	222394	161530		71449
内蒙古	Inner Mongolia	444829	238928	188957		16944
辽　宁	Liaoning	642696	322338	163079		157279
吉　林	Jilin	828164	590256	141785		96123
黑龙江	Heilongjiang	369689	117865	189513		62311
上　海	Shanghai	5310	4071	1239		
江　苏	Jiangsu	1127616	682717	153370		291529
浙　江	Zhejiang	375665	85800	115516		174349
安　徽	Anhui	1409488	949091	306311		154085
福　建	Fujian	472552	227686	136548	142	108177
江　西	Jiangxi	784137	315526	468611		
山　东	Shandong	856530	527741	234329	710	93751
河　南	Henan	954403	354444	225945		374013
湖　北	Hubei	2107561	1350347	697214	60000	
湖　南	Hunan	1859210	604848	424859	13101	816402
广　东	Guangdong	788253	294454	160571		333227
广　西	Guangxi	991974	310423	266117		415434
海　南	Hainan	140436	55661	39179		45596
重　庆	Chongqing	1625452	250955	591232	653849	129417
四　川	Sichuan	1329203	685394	443718		200090
贵　州	Guizhou	535855	217894	243204		74757
云　南	Yunnan	2060564	1607045	389731		63788
西　藏	Xizang	471695	310250	161445		
陕　西	Shaanxi	886427	243772	268701		373953
甘　肃	Gansu	634469	175308	246325		212836
青　海	Qinghai	242738	123983	116414		2341
宁　夏	Ningxia	366034	116318	71699		178017
新　疆	Xinjiang	1359369	748941	176821		433607

6-12　历年分资金来源地方政府水利建设完成投资

Completed Investment of Local Government Funding for Water Project Construction by Financial Resources and Year

单位：万元　　unit: 10^4 yuan

年份 Year	完成投资 合计 Total Completed Investment	国家预算内拨款 National Budget Allocation	国家预算内专项资金 Special Funds from National Budget	国内贷款 Domestic Loan	债券 Bonds	水利建设基金 Water Project Construction Funds	利用外资 Foreign Investment	自筹资金 Self-raising Funds	其他 Others
2004	4909666	412915	31012	979490		212152	83381	2954103	236614
2005	3153043	671408	24481			212292		1911277	333585
2006	3328865	771171	118653			290750		1781509	366782
2007	4323681	1005975	219184			594419		2182566	321537
2008	4988317	1404392	277876			389544		2350969	565535
2009	8088050	2648216	593286			526050		3334543	985954
2010	9188067	3102910	785587			472065		3159588	1667918

年份 Year	完成投资 合计 Total Completed Investment	国家预算内拨款 National Budget Allocation	国家预算内专项资金 Special Funds from National Budget	财政专项资金 Financial Special Funds	重大水利工程建设基金 Major Water Project Construction Funds	水利建设基金 Water Project Construction Funds	土地出让收益 Land Revenue	自筹资金 Self-raising Funds	其他 Others
2011	12236742	3122803	272666	2188692	158941	501415	121455	4061132	1809637
2012	14644959	3490796	204461	3778785	387799	823099	256976	3502871	2200172
2013	15420031	3628048	109293	4330599	256673	898681	207592	3602855	2386289
2014	18624883	4699739	8147	5242028	296632	1181742	294426	3398976	3503193
2015	25546426	4949487	138296	8245790	328895	1354664	448265	5731487	4349541

年份 Year	完成投资 合计 Total Completed Investment	省级 Provincial Level	地市级 Prefecture/City Level	县级 County Level
2016	28982085	11841645	6464749	10675691
2017	35781893	13777335	7760770	14243788
2018	32595632	12260908	6841351	13493373
2019	34879289	12383357	7840525	14655407
2020	48478334	15916000	11771189	20791145
2021	42368181	13108522	10352581	18907078
2022	60041240	18702890	10983945	30354405
2023	61288051			

注　本表的国家预算内专项资金是通过其他渠道下达的中央转贷地方国债资金。2011 年、2012 年、2013 年、2014 年、2015 年"其他"中含水资源费完成投资。

Note　The special funds from national budget in this table are sourced from national bonds transferred from the Central Government to local government. The "Others" of 2011, 2012, 2013, 2014 and 2015 in the table include completed investment sourced from water resources fee.

6-13 2023 年分资金来源地方政府水利建设完成投资（按地区分）

Completed Investment of Local Government Funding for Water Project Construction by Financial Resources in 2023 (by Region)

单位：万元

unit: 10^4 yuan

地区	Region	完成投资合计 Total Completed Investment	省级政府财政性资金 Government Financial Funds of Provincial Level	地市级政府财政性资金 Government Financial Funds of Prefecture/City Level	县级政府财政发性资金 Government Financial Funds of County Level	地方政府一般债券 Local Government General Bonds	地方政府专项债券 Local Government Special Bonds
合 计	Total	**61288051**	**11758407**	**6200862**	**20023558**	**4064879**	**19240345**
北 京	Beijing	471228	192194	190912		88122	
天 津	Tianjin	211768	87	52384	5908	22068	131321
河 北	Hebei	3848556	177904	41472	669941	1040485	1918753
山 西	Shanxi	1214142	515916	79831	179708	130896	307791
内蒙古	Inner Mongolia	814769	396407	146020	94933	62001	115407
辽 宁	Liaoning	970355	199374	180071	288430	202451	100029
吉 林	Jilin	440766	192182	22148	32417	128255	65765
黑龙江	Heilongjiang	430031	147171	962	25705	247727	8466
上 海	Shanghai	1648898	1073000	335897	239063	938	
江 苏	Jiangsu	4468259	1337210	535824	2352950	14309	227966
浙 江	Zhejiang	4778271	910871	495984	2316251	56456	998709
安 徽	Anhui	3776668	426457	336933	1101610	11625	1900043
福 建	Fujian	3784540	314888	329051	2319355	37152	784095
江 西	Jiangxi	3109178	344997	89079	1310128	86904	1278072
山 东	Shandong	3616406	154551	494564	1193141	35223	1738927
河 南	Henan	2136528	335628	384557	738726	29300	648318
湖 北	Hubei	2492842	208958	276338	1137737	272969	596840
湖 南	Hunan	3019744	573287	141893	876057	214257	1214250
广 东	Guangdong	6745264	752561	1054903	2007926	292413	2637460
广 西	Guangxi	1131704	422161	126203	185340	267608	130392
海 南	Hainan	772459	162274	100666	60138	191198	258182
重 庆	Chongqing	1044215	506226		268350	10982	258657
四 川	Sichuan	2447692	476758	202097	536333	36573	1195930
贵 州	Guizhou	1603270	568208	70031	618681	39676	306674
云 南	Yunnan	1669991	416499	77686	520495	51760	603550
西 藏	Xizang	34392	34252			140	
陕 西	Shaanxi	1535568	455917	328935	171401	35687	543628
甘 肃	Gansu	1137484	205927	22647	276786	43980	588143
青 海	Qinghai	256423	35723	2904	85690	75307	56800
宁 夏	Ningxia	229035	37676	28868	60767	89925	11799
新 疆	Xinjiang	1447604	183143	52002	349589	248491	614380

6-14　历年分资金来源水利建设完成投资

Completed Investment for Water Project Construction by Financial Sources and Year

单位：万元　　　unit: 10⁴ yuan

年份 Year	完成投资 合计 Total Completed Investment	政府投资① Government Investment①	中央 Central	地方 Local	利用外资 Foreign Investment	企业和 私人投资 Company and Private Investment	国内贷款 Domestic Loan	债券 Bonds	其他 Others
2007	9448538	7874125	3550444	4323681	94756	383498	833576	400	262183
2008	10882012	9157875	4169558	4988317	105085	358735	969469		290849
2009	18940321	16541747	8453697	8088050	75675	414027	1528610	63912	316349
2010	23199265	18792902	9604835	9188067	13058	480135	3374355	25299	513516
2011	30860284	26590732	14353990	12236742	44176	749193	2703080	38614	734489
2012	39642358	34977066	20332106	14644959	41295	1133757	2655028	51882	783330
2013	37576331	32718401	17298370	15420031	85724	1607082	1726871	17221	1421031
2014	40831354	35109993	16485110	18624883	43286	899416	2996401	17200	1765057
2015	54522165	47858836	22312410	25546426	75704	1879054	3386394	4461	1316967
2016	60995861	45774399	16792314	28982085	69814	4247073	8795486	38335	2070754
2017	71323681	53353077	17571183	35781893	80395	6007904	9257656	265419	2359231
2018	66025726	50122981	17527348	32595632	48936	5650623	7524538	415948	2262701
2019	67117376	52390381	17511092	34879289	56512	5879988	6362780	99751	2327964
2020	81816711	66347115	17868781	48478334	106736	6904049	6139504	871647	1447660
2021	75759565	59454036	17085856	42368181	81473	7181739	6988854	1042735	1010728
2022	108931954	82220688	22179448	60041240	58618	10654811	14506923	751314	739600
2023	119962355	86809994	25521942	61288051		12919129	20233233		

① 政府投资指中央及地方各级政府完成的水利建设的各项财政资金（包括预算内非经营性基金、国债专项资金和水利建设基金等）和政府部门自筹投资等。

① Government investment refers to all sorts of financial funds from Central Government and local governments at all levels (including non-business funds from budget, special funds and bonds and water project construction funds) and self-raising funds of governmental departments.

6-15 2023 年分资金来源水利建设完成投资（按地区分）

Completed Investment for Water Project Construction by Financial Sources in 2023 (by Region)

单位：万元

unit: 10⁴ yuan

地区	Region	完成投资 合计 Total Completed Investment	政府投资① Government Investment①	中央 Central	地方 Local	企业和 私人投资 Company and Private Investment	国内贷款 Domestic Loan
合 计	**Total**	**119962355**	**86809994**	**25521942**	**61288051**	**12919129**	**20233233**
北 京	Beijing	552959	542788	71561	471228	10171	
天 津	Tianjin	462891	284570	72801	211768	175077	3244
河 北	Hebei	6705352	5100446	1251890	3848556	678916	925990
山 西	Shanxi	2205402	1669515	455373	1214142	341460	194427
内蒙古	Inner Mongolia	1700285	1259598	444829	814769	143682	297005
辽 宁	Liaoning	2216190	1613052	642696	970355	362411	240728
吉 林	Jilin	1575655	1268930	828164	440766	91659	215066
黑龙江	Heilongjiang	864367	799720	369689	430031	19505	45142
上 海	Shanghai	1654237	1654207	5310	1648898	30	
江 苏	Jiangsu	6391613	5595876	1127616	4468259	419109	376629
浙 江	Zhejiang	7986334	5153936	375665	4778271	949691	1882706
安 徽	Anhui	6421900	5186156	1409488	3776668	130559	1105185
福 建	Fujian	5742522	4257092	472552	3784540	702134	783296
江 西	Jiangxi	6022730	3893316	784137	3109178	343675	1785739
山 东	Shandong	7141758	4472937	856530	3616406	1479442	1189379
河 南	Henan	5994309	3090931	954403	2136528	1541915	1361463
湖 北	Hubei	6979525	4600403	2107561	2492842	901203	1477919
湖 南	Hunan	6320707	4878954	1859210	3019744	172946	1268808
广 东	Guangdong	10070952	7533516	788253	6745264	1179336	1358099
广 西	Guangxi	3300455	2123678	991974	1131704	344301	832476
海 南	Hainan	929069	912895	140436	772459	15674	500
重 庆	Chongqing	4061560	2669667	1625452	1044215	1028554	363339
四 川	Sichuan	5456471	3776895	1329203	2447692	357715	1321862
贵 州	Guizhou	2623322	2139125	535855	1603270	14413	469784
云 南	Yunnan	5247953	3730555	2060564	1669991	660424	856974
西 藏	Xizang	506087	506087	471695	34392		
陕 西	Shaanxi	3559618	2421995	886427	1535568	492707	644916
甘 肃	Gansu	2147160	1771953	634469	1137484	176886	198321
青 海	Qinghai	561284	499161	242738	256423		62122
宁 夏	Ningxia	738933	595069	366034	229035	28427	115436
新 疆	Xinjiang	3820755	2806973	1359369	1447604	157106	856676

① 政府投资指中央及地方各级政府完成的水利建设的各项财政资金（包括预算内非经营性基金、国债专项资金和水利建设基金等）和政府部门自筹投资等。

① Government investment refers to all sorts of financial funds from Central Government and local governments at all levels (including non-business funds from budget, special funds and bonds and water project construction funds) and self-raising funds of governmental departments.

6-16　历年分用途水利建设完成投资

Completed Investment for Water Project Construction by Function and Year

单位：万元　　　　　　　　　　　　　　　　　　　　　　　　　　　　　　　　　　　　unit: 10^4 yuan

年份 Year	完成投资合计 Total Completed Investment	水库 Reservoir	防洪 Flood Control	灌溉 Irrigation	除涝 Drainage	供水 Water Supply	水电 Hydropower	水保及生态 Soil Conservation and Ecological Restoration	机构能力建设 Capacity Building	前期工作 Early-stage Work	其他 Others
1963	86760	43349	9735	10915	15006						7755
1979	370400	99352	36856	96545	44911						92736
1980	270700	91673	29628	61211	27240						60948
1981	135700	52191	20783	23579	7469						31678
1982	174737	51607	8641	28606	8323						77560
1983	211296	56110	20271	36301	10250						88364
1984	206828	56174	23682	42147	13752						71073
1985	201580	53477	32567	43146	14887						57503
1986	228702	53937	43456	46689	12542	12272					59806
1987	271012	75211	58208	51691	17169	5222					63511
1988	306454	82400	71690	59632	17501	2533					72698
1989	355508	105133	72675	73017	20855	3674					80154
1990	487203	135140	102015	105913	21430	35619					87086
1991	648677	139023	138463	123888	28583	55188	98356				65176
1992	971670	198994	221794	161717	50616	95338	154145				89066
1993	1249260	308558	236551	176821	39098	119747	243324				125161
1994	1687353	436379	242735	162911	57023	237327	393176				157802
1995	2063156	589771	318514	182524	68919	139079	581660				182689
1996	2385240	919545	362152	231447	73659	143625	486151				168661
1997	3154061	1001367	510191	307183	65073	284668	791548				194031
1998	4676865	1131204	1570617	591833	91479	277736	704240				309756

6-16 续表 continued

年份 Year	完成投资 合计 Total Completed Investment	水库 Reservoir	防洪 Flood Control	灌溉 Irrigation	除涝 Drainage	供水 Water Supply	水电 Hydropower	水保及生态 Soil Conservation and Ecological Restoration	机构能 力建设 Capacity Building	前期 工作 Early-stage Work	其他 Others
1999	4991576	1122989	2266682	280571	109693	287314	473833	120034			330460
2000	6129331	960273	3049937	537250	110118	410900	563284	182927			314642
2001	5607065		3083006	703721	112183	806205	301137	176624	192108	88888	143538
2002	8192153		4407481	1000174	103544	1515592	466745	319977	169155	68250	141236
2003	7434176		3350814	1045892	88164	1206149	622774	519068	161628	93008	346678
2004	7835450		3579295	875545	90180	1307918	715307	587101	71699	103206	505200
2005	7468483		2781555	1065966	146744	1165206	654724	391856	224008	102562	935862
2006	7938444		2787116	1094704	94098	2082293	573234	422184	65560	136359	682897
2007	9448538		2985677	1039159	199132	3011747	664919	603164	88527	116046	740166
2008	10882012		3465187	1165918	235203	3512571	773709	768749	106007	160441	694229
2009	18940321		6287388	2482320	460735	6178105	720419	867355	106040	158802	1679157
2010	23199265		6635903	3342666	210569	7362713	1053896	858998	195615	248711	3290195
2011	30860284		9962265	4691165	220764	8150170	1090134	953860	402459	420380	4969087
2012	39642358		13942837	6344734	316750	12770928	1171955	1181181	595519	407417	2911038
2013	37576331		13044565	6717187	313072	10614102	1644196	1028920	525410	407346	3281531
2014	40831354		14674482	8230453	551045	10291072	2169022	1412978	409444	650643	2442215
2015	54522165		18791182	13917741	511348	13165716	1520851	1929413	292403	1019151	3374362
2016	60995861		19425029	13599045	1345090	12252598	1666460	4037228	569347	1740192	6360871
2017	71323681		22375176	13706228	2012660	13342899	1458477	6826407	314856	1812265	9474713
2018	66025726		20037244	11724463	1716342	13775575	1209965	7414886	469956	1320205	8357090
2019	67117376		20912904	8050500	1984952	16432286	1066847	9134280	634032	1327181	7574393
2020	81816711		25737869	9763641	2280167	21003188	924484	12209480	851815	1573133	7472932
2021	75759565		22906848	8269786	2063156	20394681	788081	11235629	798825	1364920	7937640
2022	108931954		32433277	13486169	3850514	31249006	1073337	16254650	1243702	2040878	7300421
2023	119962355		34670307	15589415	4793201	35364403	792326	14455347	1307281	2435144	10554931

注　1998 年前未细分出水保及生态，均放于"其他"中；2001 年以后，水库投资已按用途分摊到有关工程类型中。

Note　Soil and water conservation and ecological restoration projects are grouped into "other projects" before the year of 1998. After the year of 2001, the investment of reservoir has been grouped into other projects in accordance with its function.

6-17　2023年分用途水利建设完成投资（按地区分）

Completed Investment for Water Project Construction by Function in 2023 (by Region)

单位：万元　　　　　　　　　　　　　　　　　　　　　　　　　　　　　　　　　　　　　unit: 10⁴ yuan

地区	Region	完成投资合计 Total Completed Investment	防洪 Flood Control	灌溉 Irrigation	除涝 Drainage	供水 Water Supply	水电 Hydropower	水保及生态 Soil Conservation and Ecological Restoration	机构能力建设 Capacity Building	前期工作 Early-stage Work	其他 Others
合　计	Total	119962355	34670307	15589415	4793201	35364403	792326	14455347	1307281	2435144	10554931
北　京	Beijing	552959	228375		4895	77377		190267	7519	7646	36880
天　津	Tianjin	462891	24889	23082	51961	188676		67391	8064	6730	92098
河　北	Hebei	6705352	1893277	712772	122137	1570888	29404	1347449	94724	183617	751083
山　西	Shanxi	2205402	622758	129483	16419	660657	3090	407337	7013	56817	301828
内蒙古	Inner Mongolia	1700285	267099	190994	23379	934423	1332	151757	12426	36111	82765
辽　宁	Liaoning	2216190	775345	99530	45531	560767		199305	35589	35669	464453
吉　林	Jilin	1575655	406682	145564	22177	331528	211	149311	17389	36226	466567
黑龙江	Heilongjiang	864367	333595	80236	32956	87874	10584	257729	3347	2950	55096
上　海	Shanghai	1654237	466122	15856	230857	1265	913	664591	2985	39491	232156
江　苏	Jiangsu	6391613	2055080	801644	523464	642625	903	1105035	115485	317897	829479
浙　江	Zhejiang	7986334	5154576	513703	473973	1159884	22765	484606	39028	13810	123989
安　徽	Anhui	6421900	1973574	997805	403180	1686335		409626	28859	19543	902979
福　建	Fujian	5742522	1551286	188283	110880	1798542	9899	971677	78387	376398	657170
江　西	Jiangxi	6022730	1490641	1262318	330440	1507146	2176	1074029	236424	71518	48038
山　东	Shandong	7141758	2625690	518758	264844	2533823	600	300079	56551	139435	701979
河　南	Henan	5994309	1473975	315434	212308	2238564	932	588134	19768	38536	1106659
湖　北	Hubei	6979525	2180273	639418	579396	2020088	61423	1122752	88792	126214	161170
湖　南	Hunan	6320707	2047705	1381570	406728	1357883	86776	481285	29581	68241	460937
广　东	Guangdong	10070952	2570550	487364	583163	3708267	179018	1800206	86846	216848	438690
广　西	Guangxi	3300455	884469	796136	158599	796869	123527	250767	48640	70718	170731
海　南	Hainan	929069	188399	107829	4688	410781	4510	57075	25075	1394	129317
重　庆	Chongqing	4061560	921378	512336	9772	1224819	46871	322541	62610	83400	877832
四　川	Sichuan	5456471	1204867	1606670	50189	1621011	41590	426303	85506	190227	230108
贵　州	Guizhou	2623322	390430	261249	30234	1420056	46748	157029	18960	58808	239808
云　南	Yunnan	5247953	647690	1217740	37818	2653001	363	278667	12506	21862	378306
西　藏	Xizang	506087	238349	58448	207	69527		34573	1821	10737	92427
陕　西	Shaanxi	3559618	747744	167739	22026	1574638	8577	626213	34878	93438	284365
甘　肃	Gansu	2147160	448457	485886	6274	832060		331431	8685	25301	9066
青　海	Qinghai	561284	186461	101151		150501	17568	35228	1227	382	68765
宁　夏	Ningxia	738933	113463	182497	34510	245658		71943	18407	9356	63099
新　疆	Xinjiang	3820755	557107	1587922	195	1298868	92546	91010	20191	75825	97091

6-18　历年各水资源分区水利建设完成投资

Completed Investment for Water Project Construction by Water Resources Sub-region and Year

单位：亿元　　　　　　　　　　　　　　　　　　　　　　　　　　　　　　　　　　　　unit: 10^8 yuan

年份 Year	完成投资 合计 Total Completed Investment	松花江区 Songhua River	辽河区 Liaohe River	海河区 Haihe River	黄河区 Yellow River	淮河区 Huaihe River	长江区 Yangtze River	珠江区 Pearl River	东南诸河区 Rivers in Southeast	西南诸河区 Rivers in Southwest	西北诸河区 Rivers in Northwest
1991	64.87	2.39	3.00	3.88	11.08	5.99	18.84	9.51			
1992	97.17	4.71	3.62	6.40	16.35	9.37	32.11	12.26			
1993	124.93	3.77	6.20	11.62	24.26	7.74	39.27	13.49			
1994	168.74	6.13	5.21	12.38	33.36	12.08	51.47	21.04			
1995	206.32	5.38	6.96	14.00	52.51	16.15	59.88	17.38			
1996	238.52	4.08	3.63	20.34	68.03	17.17	58.17	21.95			
1997	315.41	5.01	2.81	20.91	92.58	18.25	72.32	38.39			
1998	467.56	13.47	3.54	31.28	116.17	29.78	125.73	50.36			
1999	499.16	6.29	26.4	21.44	104.67	33.85	157.97	43.47			
2000	612.93	9.42	24.23	47.21	95.84	38.25	218.37	62.45			
2001	560.71	16.49	7.47	33.54	100.03	32.83	186.58	50.86			
2002	819.22	38.95	12.43	62.20	108.50	46.20	283.38	77.17			
2003	743.42	41.54	10.19	61.83	86.86	51.32	210.65	66.39			
2004	783.55	32.63	11.54	55.43	108.92	84.52	207.31	69.22			
2005	746.85	30.89	21.77	51.60	95.04	80.70	210.76	81.38	91.17	16.83	66.69
2006	793.84	31.44	23.88	112.82	78.46	87.15	219.32	76.83	73.69	16.48	73.80
2007	944.85	33.13	28.55	101.84	111.53	130.89	290.87	75.21	75.59	21.85	75.40
2008	1088.20	38.20	40.88	81.91	123.09	118.48	375.07	100.30	88.54	25.79	95.95
2009	1894.03	73.67	81.11	160.97	281.24	206.18	614.21	195.60	117.72	38.41	124.91
2010	2319.93	74.47	53.95	247.07	341.84	171.35	808.78	262.40	169.50	64.49	126.09
2011	3086.03	124.36	75.43	220.53	528.32	225.73	1230.97	285.94	194.66	68.42	131.67
2012	3964.24	198.92	111.42	274.40	709.14	288.06	1487.49	294.51	293.46	118.04	188.79
2013	3757.63	106.49	125.95	330.83	386.57	366.86	1713.12	256.09	64.95	157.19	249.57
2014	4083.14	235.93	152.26	362.67	354.91	375.22	1712.14	312.55	239.56	163.86	174.04
2015	5452.22	428.96	178.11	533.72	512.35	506.46	1697.25	568.15	458.18	264.21	304.84
2016	6099.59	387.14		552.87	605.33	594.23	1954.70	667.17	765.04	255.44	317.65
2017	7132.37	269.98	83.18	491.54	720.64	568.36	2590.92	747.39	904.66	247.88	507.82
2018	6602.57	290.39	62.39	342.00	667.42	592.37	2441.24	712.79	880.15	245.54	368.29
2019	6711.74	202.10	113.32	478.02	582.05	734.99	2432.58	719.08	870.00	216.31	363.29
2020	8181.67	204.71	111.43	649.62	866.16	1224.53	2698.14	967.22	909.00	170.47	380.41
2021	7575.96	138.09	126.21	546.42	978.33	760.10	2504.62	1058.60	910.09	187.23	366.27
2022	10893.20	274.14	249.45	908.00	1238.34	1021.37	3940.54	1480.23	1143.60	237.73	399.79
2023	11996.24	236.77	309.61	1064.89	991.79	1461.58	4421.84	1579.07	1216.53	243.58	470.57

注　2005 年以前，本表按照流域统计当年完成投资，其中东南诸河区、西南诸河区、西北诸河区未作细分。2016 年松花江区含辽河区数据。

Note　Before the year of 2005, the completed investment of the year in this table is calculated based on river basins, and the data of rivers in southeast, rivers in southwest, rivers in northwest, are not given. The data of Liaohe River is included in the Songhua River in 2016.

6-19 2023年各水资源分区水利建设完成投资（按地区分）

Completed Investment for Water Project Construction by Water Resources Sub-region in 2023 (by Region)

单位：万元　　　　　　　　　　　　　　　　　　　　　　　　　　　　　　　　unit: 10⁴ yuan

地区 Region		完成投资 合计 Total Completed Investment	松花江区 Songhua River	辽河区 Liaohe River	海河区 Haihe River	黄河区 Yellow River	淮河区 Huaihe River	长江区 Yangtze River	珠江区 Pearl River	东南诸河区 Rivers in Southeast	西南诸河区 Rivers in Southwest	西北诸河区 Rivers in Northwest
合　计	Total	**119962355**	**2367745**	**3096113**	**10648866**	**9917897**	**14615750**	**44218409**	**15790736**	**12165345**	**2435787**	**4705707**
北　京	Beijing	552959			552959							
天　津	Tianjin	462891			462891							
河　北	Hebei	6705352			6705352							
山　西	Shanxi	2205402			719264	1486138						
内蒙古	Inner Mongolia	1700285	83924	724095	20023	740656						131588
辽　宁	Liaoning	2216190	400	2215418	372							
吉　林	Jilin	1575655	1419055	156601								
黑龙江	Heilongjiang	864367	864367									
上　海	Shanghai	1654237						1654237				
江　苏	Jiangsu	6391613					3599104	2792509				
浙　江	Zhejiang	7986334						1571836		6414497		
安　徽	Anhui	6421900					2808106	3605469		8326		
福　建	Fujian	5742522								5742522		
江　西	Jiangxi	6022730						6022730				
山　东	Shandong	7141758		1575527	806517	4759714						
河　南	Henan	5994309			612478	1373423	3448826	559581				
湖　北	Hubei	6979525						6979525				
湖　南	Hunan	6320707						6222681	98026			
广　东	Guangdong	10070952						500	10070452			
广　西	Guangxi	3300455						35856	3183894		80705	
海　南	Hainan	929069							929069			
重　庆	Chongqing	4061560						4061560				
四　川	Sichuan	5456471				8062		5448409				
贵　州	Guizhou	2623322						1840558	782764			
云　南	Yunnan	5247953						2683194	726530		1838229	
西　藏	Xizang	506087						7178			498910	
陕　西	Shaanxi	3559618				3052835		506783				
甘　肃	Gansu	2147160				1338834		213792				594534
青　海	Qinghai	561284				372501		12010			17944	158829
宁　夏	Ningxia	738933				738933						
新　疆	Xinjiang	3820755										3820755

6-20 历年分隶属关系水利建设完成投资

Completed Investment for Water Project Construction by Ownership and Year

单位：万元

年份 Year	完成投资 合计 Total Completed Investment	中央属 Central Government	省属 Provincial Governments	地市属 Prefectures and Cities	县属 Counties	其他 Others
2000	6129331	1385363	2465371	1187976	974035	116586
2001	5607065	1219487	2237784	1070939	976605	102250
2002	8192153	1250858	3454247	1818716	1668332	
2003	7434176	964952	3239531	1458719	1699661	71313
2004	7835450	1429738	2900010	1642748	1518628	343126
2005	7468483	1227628	2548527	1882009	1579786	230533
2006	7938444	1610784	2260775	2010232	1825458	231196
2007	9448538	1544575	2891368	2389052	2266202	357341
2008	10882012	1092053	3193009	2675569	3667281	254100
2009	18940321	2068697	4693782	4906296	7119662	151884
2010	23199265	4427984	5147607	4886393	8160858	576423
2011	30860284	5974864	5766091	5401723	13539071	178534
2012	39642358	6654250	7100709	6133605	19751460	2333
2013	37576331	4304507	7201760	5405134	20578714	86216
2014	40831354	1436675	8882262	5732513	24660484	119421
2015	54522165	1090890	12009713	8324721	32395780	701061
2016	60995861	887197	12969444	12188351	34425189	525681
2017	71323681	1126919	13904614	13437179	42827706	27262
2018	66025726	1165868	11024225	11898439	41856591	80602
2019	67117376	663557	10677876	14669016	41033646	73280
2020	81816711	485426	12382542	19189575	49696006	63162
2021	75759565	678056	11649800	15362502	48069207	
2022	108931954	1155248	13918428	20236796	73616821	4661
2023	119962355	1180660	12850437	23827090	82067954	36215

6-21 2023 年分隶属关系水利建设完成投资（按地区分）

Completed Investment for Water Project Construction by Ownership in 2023 (by Region)

单位：万元
unit: 10⁴ yuan

地区	Region	完成投资 合计 Total Completed Investment	中央属 Central Government	省属 Provincial Governments	地市属 Prefectures and Cities	县属 Counties	其他 Others
合 计	**Total**	**119962355**	**1180660**	**12850437**	**23827090**	**82067954**	**36215**
北 京	Beijing	552959	15573	115933	421453		
天 津	Tianjin	462891	23851	208237	192324	30000	8478
河 北	Hebei	6705352	68453	93335	1847307	4696257	
山 西	Shanxi	2205402	9283	378415	381629	1422120	13956
内蒙古	Inner Mongolia	1700285	3982	463129	438613	794561	
辽 宁	Liaoning	2216190	400	366936	517912	1330942	
吉 林	Jilin	1575655	5911	374701	96926	1098118	
黑龙江	Heilongjiang	864367	4318	76218	77538	706293	
上 海	Shanghai	1654237	4071	564580	840722	244865	
江 苏	Jiangsu	6391613	6825	715082	1951675	3718032	
浙 江	Zhejiang	7986334		47249	871694	7067390	
安 徽	Anhui	6421900	9158	1040832	731258	4640653	
福 建	Fujian	5742522	488	218268	899997	4622539	1230
江 西	Jiangxi	6022730	956	283773	901961	4836040	
山 东	Shandong	7141758	261688	77404	2251431	4545194	6040
河 南	Henan	5994309	138255	204592	1379128	4272333	
湖 北	Hubei	6979525	332631	159298	1658893	4828703	
湖 南	Hunan	6320707	1905	618520	539148	5161134	
广 东	Guangdong	10070952	9887	1272972	2614030	6174063	
广 西	Guangxi	3300455	235690	131432	1105445	1827888	
海 南	Hainan	929069		418759	273147	236839	323
重 庆	Chongqing	4061560	2369	441467		3617724	
四 川	Sichuan	5456471	1957	890258	410399	4153858	
贵 州	Guizhou	2623322		299894	353858	1969570	
云 南	Yunnan	5247953	485	1622678	319886	3300714	4190
西 藏	Xizang	506087	1047	59606	113161	331072	1202
陕 西	Shaanxi	3559618	10388	767696	1205480	1576054	
甘 肃	Gansu	2147160	2868	28214	284368	1831710	
青 海	Qinghai	561284	27598	74519	48026	411141	
宁 夏	Ningxia	738933	623	150695	149973	437641	
新 疆	Xinjiang	3820755		685744	949709	2184508	795

6-22 历年分规模水利建设完成投资

Completed Investment of Water Projects by Size of Water Project and Year

单位：万元

unit: 10⁴ yuan

年份 Year	完成投资 合计 Total Completed Investment	大中型 Large and Medium	小型 Small	其他 Others
2004	7835450	2259955	5365376	210120
2005	7468483	3263029	3766332	439121
2006	7938444	2961707	4451579	525158
2007	9448538	3183673	5485744	779121
2008	10882012	2539432	8179610	162970
2009	18940321	4502610	14205434	232277
2010	23199265	6878706	16093909	226650
2011	30860284	9452390	20863449	544445
2012	39642358	11694575	27575237	372546
2013	37576331	9059372	27632787	884172
2014	40831354	7085221	33088136	657997
2015	54522165	8599941	45402114	520110
2016	60995861	10800283	49719523	476055
2017	71323681	14304835	56350991	667854
2018	66025726	11835058	51689130	2501539
2019	67117376	10667722	55356816	1092839
2020	81816711	16354497	64421106	1041107
2021	75759565	16900457	57413278	1445830
2022	108931954	21565402	84233014	3133538
2023	119962355	29872405	86383139	3706812

6-23 2023 年分规模水利建设完成投资（按地区分）

Completed Investment of Water Projects by Size of Project in 2023 (by Region)

单位：万元   unit: 10⁴ yuan

地区	Region	完成投资 合计 Total Completed Investment	大中型 Large and Medium	小型 Small	其他 Others
合 计	**Total**	**119962355**	**29872405**	**86383139**	**3706812**
北 京	Beijing	552959	229037	318175	5748
天 津	Tianjin	462891	56327	342016	64548
河 北	Hebei	6705352	1938762	4689182	77407
山 西	Shanxi	2205402	127426	2015087	62889
内蒙古	Inner Mongolia	1700285	593709	1083983	22593
辽 宁	Liaoning	2216190	353655	1771753	90782
吉 林	Jilin	1575655	352335	1221488	1833
黑龙江	Heilongjiang	864367	98327	765030	1010
上 海	Shanghai	1654237	293040	1181191	180006
江 苏	Jiangsu	6391613	2156495	4148886	86232
浙 江	Zhejiang	7986334	2720804	4741603	523927
安 徽	Anhui	6421900	1705495	4711535	4871
福 建	Fujian	5742522	1215409	4355135	171979
江 西	Jiangxi	6022730	443692	5548262	30775
山 东	Shandong	7141758	2662388	3964826	514543
河 南	Henan	5994309	1195693	4780267	18348
湖 北	Hubei	6979525	504939	6458925	15661
湖 南	Hunan	6320707	1356619	4175126	788962
广 东	Guangdong	10070952	3418754	6313465	338733
广 西	Guangxi	3300455	686964	2611686	1805
海 南	Hainan	929069	409561	355353	164155
重 庆	Chongqing	4061560	487923	3490117	83520
四 川	Sichuan	5456471	1490888	3963627	1957
贵 州	Guizhou	2623322	572009	2033688	17624
云 南	Yunnan	5247953	1794603	3210906	242445
西 藏	Xizang	506087	87244	366097	52747
陕 西	Shaanxi	3559618	1247660	2241847	70111
甘 肃	Gansu	2147160	86921	2057976	2264
青 海	Qinghai	561284	139065	421475	743
宁 夏	Ningxia	738933	205270	530786	2876
新 疆	Xinjiang	3820755	1241391	2513646	65718

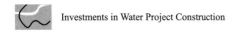

6-24　历年分构成水利建设完成投资

Completed Investment of Water Projects by Year and Composition of Funds

单位：万元

unit: 10^4 yuan

年份 Year	完成投资 合计 Total Completed Investment	建筑工程 Construction Project	安装工程 Installation	设备工器具购置 Procurement of Machinery and Equipment	其他 Others
2004	7835450	5526833	276530	436531	1595556
2005	7468483	5306556	269855	398472	1493600
2006	7938444	5837364	318550	384313	1398217
2007	9448538	6725242	465282	568467	1689547
2008	10882012	7815009	674188	599969	1792847
2009	18940321	12972462	1133765	1250000	3584094
2010	23199265	15248673	1096243	1245116	5609232
2011	30860284	21032078	1216941	1152076	7459189
2012	39642358	27364953	2377877	1781362	8118166
2013	37576331	27828417	1735750	1610647	6401516
2014	40831354	30863756	1850155	2061439	6056004
2015	54522165	41508222	2287941	1987101	8738901
2016	60995861	44220022	2544739	1728498	12502603
2017	71323681	50696887	2658070	2117097	15851627
2018	66025726	48772479	2808603	2143718	12300927
2019	67117376	49878904	2430564	2210504	12597405
2020	81816711	60148986	3196508	2500343	15970874
2021	75759565	58512560	3300614	2036241	11910150
2022	108931954	84916860	4860108	2865836	16289149
2023	119962355	90885512	5826050	3211558	20039235

6-25 2023 年分构成水利建设完成投资（按地区分）

Completed Investment of Water Projects by Composition of Funds in 2023 (by Region)

单位：万元　　　　　　　　　　　　　　　　　　　　　　　　　　　　　　　unit: 10^4 yuan

地区 Region		完成投资 合计 Total Completed Investment	建筑工程 Construction Project	安装工程 Installation	设备工器具购置 Procurement of Machinery and Equipment	其他 Others
合 计	Total	**119962355**	**90885512**	**5826050**	**3211558**	**20039235**
北 京	Beijing	552959	318004	4966	1675	228315
天 津	Tianjin	462891	274429	38097	26645	123720
河 北	Hebei	6705352	4370120	423457	325752	1586023
山 西	Shanxi	2205402	1639465	66499	73274	426164
内蒙古	Inner Mongolia	1700285	1243344	55189	89910	311843
辽 宁	Liaoning	2216190	1611119	41828	50112	513131
吉 林	Jilin	1575655	996818	59264	26725	492848
黑龙江	Heilongjiang	864367	661924	32855	13057	156530
上 海	Shanghai	1654237	1310878	675	3547	339137
江 苏	Jiangsu	6391613	3996059	295454	95733	2004367
浙 江	Zhejiang	7986334	6128964	194408	71972	1590990
安 徽	Anhui	6421900	5017167	230563	82828	1091343
福 建	Fujian	5742522	4377779	147692	68195	1148857
江 西	Jiangxi	6022730	4846130	471797	161284	543519
山 东	Shandong	7141758	4470860	563127	210560	1897210
河 南	Henan	5994309	4647032	434170	72486	840621
湖 北	Hubei	6979525	5826232	345171	357950	450172
湖 南	Hunan	6320707	5126894	477488	236125	480199
广 东	Guangdong	10070952	8142690	391330	78771	1458163
广 西	Guangxi	3300455	2620805	93601	129056	456993
海 南	Hainan	929069	720114	69832	15346	123776
重 庆	Chongqing	4061560	2669268	198292	176580	1017420
四 川	Sichuan	5456471	4157999	341851	223729	732892
贵 州	Guizhou	2623322	1887387	293486	111995	330454
云 南	Yunnan	5247953	4453765	147893	72703	573592
西 藏	Xizang	506087	447745	11114	2531	44697
陕 西	Shaanxi	3559618	2923708	95414	108994	431502
甘 肃	Gansu	2147160	1791392	87684	92534	175550
青 海	Qinghai	561284	511552	2760	9121	37850
宁 夏	Ningxia	738933	624472	18625	37651	58185
新 疆	Xinjiang	3820755	3071398	191467	184718	373171

6-26 历年水利建设当年完成工程量

Completed Working Load by Year

单位：万立方米   unit: $10^4 m^3$

年份 Year	土方 Earth	石方 Rock	混凝土 Concrete
1963	27438	1679	104
1964	37869	2270	145
1965	64193	2881	186
1971	51085	1478	143
1972	125853	11652	370
1973	111397	13464	469
1974	115695	10671	417
1975	125712	13821	502
1976	163160	26423	712
1977	139104	15147	638
1978	139800	19600	808
1979	206100	16300	746
1980	55000	5400	506
1981	20800	2500	231
1982	19500	2100	245
1983	24300	2000	283
1984	26500	2300	268
1985	25200	2000	244
1986	24100	2000	225
1987	31000	2600	276
1988	29300	2300	298
1989	31650	2886	328
1990	33209	2712	437
1991	40143	3124	512
1992	54862	5054	583
1993	46099	5710	630
1994	41177	5127	707
1995	34955	6126	824
1996	34883	7865	807
1997	42755	5630	988
1998	101393	15023	1322
1999	104684	14022	1613
2000	129432	14456	2084
2001	92777	14716	1855
2002	139036	18178	2581
2003	94079	14677	2710
2004	132007	24057	2514
2005	138665	20718	2168
2006	201603	39847	1971
2007	140567	25099	2050
2008	170705	26686	2651
2009	198846	25333	4641
2010	226128	30505	4660
2011	282247	26001	6228
2012	343715	47404	7447
2013	359956	53854	7030
2014	308992	59370	6932
2015	376411	59603	8181
2016	398386	70072	8671
2017	351660	55394	9454
2018	343669	44508	9340
2019	299050	38926	14811
2020	336534	31232	14141
2021	268034	37566	24033
2022	349988	54939	28097
2023	365903	61109	44925

6-27　2023 年水利建设当年完成工程量（按地区分）

Completed Working Load in 2023 (by Region)

单位：万立方米　　　　　　　　　　　　　　　　　　　　　　　　　　　　　　　　　　　　　　　unit: $10^4 m^3$

地区	Region	当年计划 Planned of the Present Year			当年完成 Completed of the Present Year		
		土方 Earth	石方 Rock	混凝土 Concrete	土方 Earth	石方 Rock	混凝土 Concrete
合　计	**Total**	**368557**	**62309**	**45881**	**365903**	**61109**	**44925**
北　京	Beijing	564	97	15	673	28	19
天　津	Tianjin	885	35	90	763	24	64
河　北	Hebei	24045	1135	4616	22984	930	4579
山　西	Shanxi	14520	2705	2880	15167	2631	2700
内蒙古	Inner Mongolia	17150	3113	414	16377	3048	409
辽　宁	Liaoning	10251	789	418	8909	805	437
吉　林	Jilin	4831	690	382	4570	641	357
黑龙江	Heilongjiang	3784	6653	578	3540	6542	575
上　海	Shanghai	2811	880	47	2267	39	52
江　苏	Jiangsu	21612	397	801	21006	196	794
浙　江	Zhejiang	10906	3962	2400	10897	3965	2380
安　徽	Anhui	23088	2239	2831	24765	2120	2798
福　建	Fujian	4715	705	779	4723	673	772
江　西	Jiangxi	18010	2893	2675	17220	2634	2633
山　东	Shandong	32694	2520	1631	32566	2209	1622
河　南	Henan	15194	1023	828	16056	1808	803
湖　北	Hubei	12281	952	490	12725	1268	626
湖　南	Hunan	23401	3386	3153	23270	3349	3122
广　东	Guangdong	9570	1363	1724	9111	1230	1695
广　西	Guangxi	2845	647	661	2633	614	589
海　南	Hainan	949	244	762	823	202	761
重　庆	Chongqing	5482	2283	2048	4879	2225	2018
四　川	Sichuan	9126	5599	1709	9152	5624	1681
贵　州	Guizhou	2219	1499	821	1930	1457	706
云　南	Yunnan	6973	3930	4237	8582	4165	3987
西　藏	Xizang	4699	531	1225	4682	540	1225
陕　西	Shaanxi	13525	1401	2127	13487	1376	2111
甘　肃	Gansu	24959	2593	1719	24880	2631	1759
青　海	Qinghai	6611	2393	1634	7095	2386	1626
宁　夏	Ningxia	12602	1007	845	12167	979	836
新　疆	Xinjiang	28255	4645	1341	28008	4769	1191

6-28 历年水利建

Newly-increased Benefits of Water

年份 Year	水库总库容 /亿立方米 Total Storage Capacity of Reservoirs $/10^8 m^3$	耕地灌溉面积 /千公顷 Irrigated Area of Cultivated Land $/10^3 hm^2$	除涝面积 /千公顷 Drained Area $/10^3 hm^2$	发电装机容量 /千千瓦 Installed Capacity for Power Generation $/10^3 kW$	排灌装机容量 /千千瓦 Installed Capacity of Irrigation and Drainage Works $/10^3 kW$	供水能力 /万吨每日 Capacity of Water Supply $/(10^4 t/d)$
1993	11.48	78.48	133.89	182.50	42.90	
1994	7.61	94.09	77.23	392.90	23.80	
1995	42.23	174.89	28.30	388.20	66.80	
1996	14.95	158.03	29.43	355.30	90.60	450.44
1997	11.86	94.61	89.65	719.80	28.10	145.12
1998	28.15	187.01	57.67	749.00	102.3	456.57
1999	46.61	198.23	42.83	885.60	19.40	82.84
2000	183.62	126.86	49.69	2139.10	21.90	529.80
2001	31.96	191.41	28.51	1317.40	34.80	2939.65
2002	29.19	156.47	171.29	543.10	89.20	281.64
2003	5.83	146.99	11.67	368.60	544.00	871.31
2004	12.86	252.11	71.99	725.80	20.80	530.81
2005	112.64	98.65	74.62	794.40	47.30	398.36
2006	267.39	139.45	55.46	1146.16	28.46	349.78
2007	55.71	314.09	206.89	754.18	59.78	488.23
2008	44.37	275.44	223.66	701.04	79.39	333.69
2009	50.96	550.52	286.11	912.68	89.77	740.58
2010	32.88	355.59	441.76	905.81	102.38	509.43
2011	48.54	470.26	284.13	566.30	1034.99	876.18
2012	26.81	466.63	96.97	988.60	168.06	985.68
2013	19.08	382.06	189.45	1903.28	128.31	819.56
2014	30.38	300.27	255.01	1846.76	261.45	934.66
2015	26.26	702.44	244.13	1534.06	133.94	778.88
2016	84.79	754.54	306.09	1558.56	228.75	3190.13
2017	29.44	544.17	230.37	2295.73	416.21	1999.21
2018	50.68	814.32	541.51	3207.81	252.15	1991.52
2019	29.26	995.07	391.40	900.96	293.06	2844.34
2020	44.55	474.10	287.13	674.85	246.28	2753.51
2021	111.64	537.46	308.67	1437.24	458.47	3116.77
2022	44.72	475.87	719.03	1995.18	1093.23	4346.49
2023	73.03	944.93	704.26	1066.42	819.64	5372.15

设新增效益

Projects Construction by Year

改善灌溉面积 /千公顷 Improved Irrigated Area /10³hm²	改善除涝面积 /千公顷 Drained Area /10³hm²	新建及加固堤防 /千米 Newly-built & Strengthened Embankment /km	水保治理面积 /千公顷 Recovered Area from Soil Erosion /10³hm²	解决饮水困难人口 /万人 Population Access to Drinking Water /10⁴persons	饮水安全达标人口 /万人 Population with Safe Drinking Water /10⁴persons	节水灌溉面积 /千公顷 Water-saving Irrigated Area /10³hm²
219.92	419.77					
187.43	86.12					
251.04	309.10					
330.28	161.89					
283.51	140.24					
839.09	1279.70					
956.97	163.28	4545.91	1699.45	470.38		76.49
1484.52	529.17	5772.04	1118.41	1950.07		132.73
927.62	463.75	2693.61	1011.98	1245.44		245.81
1232.00	494.73	2918.24	1681.30	985.68		155.79
467.11	129.29	2246.61	1717.64	700.92		178.87
889.95	284.08	2726.91	635.29		1321.43	287.75
1121.20	383.39	2370.23	517.35		2478.28	310.37
1055.83	1015.16	1968.95	1261.41		2967.62	175.60
1845.54	449.49	2385.49	2090.95		5896.54	298.76
2230.19	477.20	3651.83	1041.65		6314.49	343.42
2061.10	1339.87	6900.63	2353.30		5151.23	424.31
3062.53	531.06	8265.39	1911.46		6761.47	615.19
2731.24	363.50	7441.02	1268.57		5696.34	1151.93
7371.00	2452.01	13678.22	2714.90		5580.84	728.61
3240.24	594.20	5824.10	2011.16		6708.63	1025.23
4505.97	996.96	8907.63	2346.34			1433.10
4914.00	1634.68	13678.22	1809.94			1504.56
7633.31	2767.23	11456.37	3487.43			2250.08
6195.17	1873.50	9317.64	3765.58			1054.57
5724.90	1334.87	10453.10	1937.57			528.45
5375.81	1814.55	9645.24	2122.62			701.45
6396.14	2349.73	11134.26	2206.84			

6-29　2023 年水利建设

Newly-increased Benefits of Water

地区	Region	水库总库容 /亿立方米 Total Storage Capacity of Reservoirs /10³m³	耕地灌溉面积 /千公顷 Irrigated Area of Cultivated Land /10³hm²	除涝面积 /千公顷 Drained Area /10³hm²	发电装机容量 /千千瓦 Installed Capacity for Power Generation /10³kW	排灌装机容量 /千千瓦 Installed Capacity of Irrigation and Drainage Works /10³kW
合　计	**Total**	**73.03**	**944.93**	**704.26**	**1066.42**	**819.64**
北　京	Beijing					
天　津	Tianjin				1.60	
河　北	Hebei	2.42	33.37	25.71	1.15	2.26
山　西	Shanxi	0.98	29.07		7.87	
内蒙古	Inner Mongolia		0.27			
辽　宁	Liaoning	2.32	7.11	25.62	6.00	
吉　林	Jilin	0.07	13.30	33.83		0.78
黑龙江	Heilongjiang	1.95	13.91	24.20	22.00	
上　海	Shanghai			6.85		2.70
江　苏	Jiangsu	0.02	18.75	80.72	5.03	36.42
浙　江	Zhejiang	3.02	11.75	52.74	9.12	27.46
安　徽	Anhui	0.65	21.74	51.64	0.10	61.78
福　建	Fujian	0.05	30.59	3.67	3.55	0.16
江　西	Jiangxi	5.20	240.93	31.56	31.03	112.76
山　东	Shandong	1.02	105.85	104.96	0.66	0.43
河　南	Henan		50.16	5.44	0.001	0.21
湖　北	Hubei	19.37	26.61	27.71	1.40	100.42
湖　南	Hunan	10.78	70.94	122.36	180.66	305.54
广　东	Guangdong	0.92	10.95	69.57	52.42	51.63
广　西	Guangxi	0.40	35.89	4.18	605.92	15.06
海　南	Hainan	0.02	4.61	0.60		
重　庆	Chongqing	1.16	3.88	0.85	64.56	
四　川	Sichuan	0.76	35.85	1.32	1.27	76.00
贵　州	Guizhou	2.53	29.65	1.33	18.00	0.10
云　南	Yunnan	3.77	33.00	1.19	10.00	10.05
西　藏	Xizang	0.29	6.24	0.02		
陕　西	Shaanxi	4.43	29.47	25.18	6.29	11.13
甘　肃	Gansu	0.12	4.22			1.60
青　海	Qinghai	7.10	9.01	0.18	33.00	
宁　夏	Ningxia	2.29	15.31	2.85		0.05
新　疆	Xinjiang	1.39	52.51		4.80	3.11

新增效益（按地区分）

Projects Construction in 2023 (by Region)

供水能力 /万吨每日 Capacity of Water Supply /(10⁴t/d)	改善灌溉面积 /千公顷 Improved Irrigated Area /10³hm²	改善除涝面积 /千公顷 Drained Area /10³hm²	新建及加固堤防 /千米 Newly-built & Strengthened Embankment /km	水保治理面积 /千公顷 Recovered Area from Soil Erosion /10³hm²
5372.15	**6396.14**	**2349.73**	**11134.26**	**2206.84**
1.67			0.20	3.50
70.95	6.13	2.73	7.20	0.21
153.97	189.71	7.90	251.98	92.97
15.68	59.07	0.21	344.34	111.24
20.73	13.34	38.39	114.16	124.52
56.10	81.88	34.37	445.16	92.46
11.93	12.93	37.96	246.42	33.38
103.77	51.92	76.09	106.23	26.40
		30.00	54.67	0.02
145.18	344.87	421.22	411.93	45.17
220.38	84.54	80.84	600.21	68.67
477.91	349.56	221.13	396.39	61.84
240.59	33.94	13.55	254.48	77.56
418.78	411.42	126.86	663.37	32.37
314.58	695.59	227.96	765.28	53.55
87.65	347.17	35.54	117.62	18.52
272.73	200.52	628.79	514.23	39.60
504.46	566.76	209.33	770.85	29.58
434.20	175.09	44.66	348.44	61.60
323.16	88.48	22.87	165.38	79.77
42.28	18.89	0.76	1.74	4.18
142.53	73.39	0.84	181.34	101.81
215.49	192.60	14.03	584.71	130.82
257.54	37.20	2.91	170.90	49.86
176.82	126.94	1.92	420.39	46.20
1.49	16.04	0.05	481.86	34.70
299.81	528.45	42.61	390.28	422.78
56.92	231.22	0.40	827.61	175.61
54.98	132.40		660.28	82.98
158.07	172.28	1.60	136.50	65.34
91.81	1153.79	24.20	700.12	39.61

6-30　历年国家重大水利工程（三峡后续工作）建设基金计划投资

Planned Investment of the Construction Fund for National Major Water Resources Projects (the Follow-up Work of the Three Gorges Project) by Year

单位：万元　　　　　　　　　　　　　　　　　　　　　　　　　　　　　　unit: 10⁴ yuan

年份 Year	计划投资 Planned Investment	年份 Year	计划投资 Planned Investment
2011	382643	2018	497516
2012	670387	2019	618500
2013	945500	2020	836477
2014	664859	2021	1130608
2015	1108150	2022	1025335
2016	888583	2023	1106903
2017	1076357	合 计 Total	10951818

6-31　2023 年国家重大水利工程（三峡后续工作）建设基金计划投资和完成投资（按项目类型分）

Planned and Completed Investments of the Construction Fund for National Major Water Resources Projects (the Follow-up Work of the Three Gorges Project) in 2023 (by Type)

单位：万元　　　　　　　　　　　　　　　　　　　　　　　　　　　　　　unit: 10⁴ yuan

项目类型	Type of Project	计划投资 Planned Investment	完成投资 Completed Investment
合　计	Total	**1106903**	**1052525**
1. 移民安稳致富和促进库区经济社会发展	Projects to ensure wealth of resettlement population and promote economic and social development in the reservoir area	267594	267545
2. 库区生态环境建设与保护	Projects for ecological environment restoration and protection	459568	454163
3. 库区地质灾害防治	Projects for geological hazard prevention and control	207408	178798
4. 三峡工程运行对长江中下游重点影响区的影响处理	Projects to reduce impact of operation of the Three Gorges Reservoir on the key affected areas in the middle and lower reaches of the Yangtze River	121903	108038
5. 三峡工程综合管理能力建设和综合效益拓展研究	Projects of capacity building for comprehensive management and benefit boosting	50430	43981
6. 其他	Others		

6-32 2023 年国家重大水利工程（三峡后续工作）建设基金
计划投资和完成投资（按地区和部门分）

Planned and Completed Investments of the Construction Fund for National Major Water Resources Projects (the Follow-up Work of the Three Gorges Project) in 2023 (by Region and Department)

单位：万元   unit: 10⁴ yuan

地区/部门	Region / Department	计划投资 Planned Investment	完成投资 Completed Investment
合 计	**Total**	**1106903**	**1052525**
重 庆	Chongqing	808649	770348
湖 北	Hubei	199976	190190
上 海	Shanghai	2634	2634
江 苏	Jiangsu	3567	2884
浙 江	Zhejiang	3243	3171
安 徽	Anhui	2743	2743
福 建	Fujian	2352	2172
江 西	Jiangxi	27528	25543
山 东	Shandong	3233	3186
湖 南	Hunan	13423	13423
广 东	Guangdong	3100	2866
四 川	Sichuan	3741	3576
水利部	Ministry of Water Resources of the People's Republic of China	14587	14545
交通运输部	Ministry of Transport of the People's Republic of China	12275	9603
自然资源部	Ministry of Natural Resources of the People's Republic of China	980	769
中船集团	China State Shipbuilding Corporation	2743	2743
中国兵器	China North Industries Group Corporation Limited	2129	2129

主要统计指标解释

水利建设投资 指水利系统固定资产投资。主要包括水利系统基本建设投资、部分更新改造投资等，防洪岁修、小农水等财政投资未包括在内。

建设项目 指按照总体设计进行施工，由一个或若干个具有内在联系的工程组成的总体。基本建设项目指经批准在一个总体设计或初步设计范围内进行建设，经济上实行统一核算，行政上有独立的组织形式，实行统一管理的基本建设单位。

基本建设项目按规模分为大中型项目和小型项目，水利上基本建设项目大中型项目划分标准是：①水库，库容1亿立方米以上（包括1亿立方米，下同）；②灌溉面积，灌溉面积50万亩以上；③水电工程，发电装机5万千瓦以上；④其他水利工程，除国家指定外均不作为大中型项目。

建设阶段 指建设项目报告期所处的建设阶段，可分为以下几个阶段。

（1）筹建项目：指正在进行前期工作尚未正式施工的项目。

（2）施工项目：指报告期内开展过建筑或安装施工活动的项目。

（3）本年正式施工项目：指本年正式开展过建筑或安装活动的建设项目。

（4）本年新开工项目：指报告期内新开工的建设项目。

（5）本年续建项目：指本年以前已经正式开工，跨入本年继续进行建筑安装和购置活动的建设项目。

（6）建成投产项目：指报告期内按设计文件规定建成主体工程和相应配套的辅助设施，形成生产能力或工程效益，经过验收合格，并且已正式投入生产或交付使用的建设项目。

（7）本年收尾项目：指以前年度已经全部建成投入生产或交付使用，但尚有少量不影响正常生产和使用的辅助工程或生产性工程在报告期继续施工的项目。

（8）停缓建项目：指根据国民经济宏观调控及其他原因，经有关部门批准停止建设或近期内不再建设的项目。停缓建项目分为全部停缓建项目和部分停缓建项目。

1）全部停缓建项目是指经有关部门批准不再建设或短期内整个项目停止建设的项目。

2）部分停缓建项目是指建设项目仍在施工，但其中的部分单项工程经有关部门批准停止或近期内不再建设并已停止施工的项目。报告期部分停缓建项目仍应作为施工项目统计。

（9）全部竣工项目：指整个建设项目按设计文件规定的主体工程和辅助、附属工程全部建成，并已正式验收移交生产或使用部门的项目。

建设性质 基本建设项目的建设性质根据整个建设项目的情况确定，分为以下几种。

（1）新建：一般是指从无到有、"平地起家"开始建设的项目。

（2）扩建：指为扩大原有产品的生产能力（或效益）或增加新的产品生产能力而增建的项目。

（3）改建：指对原有设施进行技术改造或更新的项目。

（4）单纯建造生活设施：指在不扩建、改建生产性工程和业务用房的情况下，单纯建造生活设施的项目。

（5）迁建：指为改变生产力布局或由于城市环境保护和安全生产的需要等原因而搬迁到另地建设的工程。

（6）恢复：指因自然灾害、战争等原因，使原有的固定资产全部或部分报废，以后又投资恢复建设的项目。

（7）单纯购置：指现有企业、事业、行政单位单纯购置不需要安装的设备、工具、器具，而不进行工程建设的项目。

隶属关系 基本建设项目按建设单位直属或主管上级机关确定。

隶属关系分为中央、省（自治区、直辖市）、地区（州、盟、省辖市）、县（旗、县级市、市辖区）和其他五大类。

（1）中央：指中共中央、人大常委会和国务院各部、委、局、总公司以及直属机构直接领导和管理的基本建设项目和企业、事业、行政单位。这些单位的固定资产投资计划由国务院各部门直接编制和下达，建设中所需要的统配物资和主要设备以及建设中的问题都由中央有关部门安排和解决。

（2）省（自治区、直辖市）：由省（自治区、直辖市）政府及业务主管部门直接领导和管理的基本建设项目和企业、事业、行政单位。

（3）地区（州、盟、省辖市）：由地区、自治州、盟、省辖市直接领导和管理的基本建设项目和企业、事

业、行政单位。

（4）县（旗、县级市、市辖区）：由县、自治旗、县级市、市辖区直接领导和管理的基本建设项目和企业、事业、行政单位。

（5）其他：不隶属以上各级政府及主管部门的建设项目和企业、事业单位，如外商投资企业和无主管部门的企业等。

Explanatory Notes of Main Statistical Indicators

Investment for water project construction Investment of fixed assets in the water sector, which mainly refers to the investment of basic water infrastructures and some rehabilitation projects, but excludes annual maintenance of flood control works and financial allocation to small irrigation, drainage and rural water supply schemes.

Construction project A project, enclosing one or more interdependent components, is implemented in accordance with overall design. Capital construction project refers to the approved scheme constructed according to overall design or within the scope of preliminary design, which is under one accounting system and unified management, and has an independent organization.

Capital construction project can be divided into large or medium project and small project according to its scale. The criteria of identifying large and medium water projects are: ① reservoir, installed capacity is over 100 million m³ (including 100 million m³, hereinafter the same); ② irrigated area, irrigated area is over 500 thousand mu; ③ hydropower project, installed capacity is over 50,000 kW; ④ other water projects, specially designated by the state.

Construction phrase It refers to stages of project construction during the period of report. The projects are divided as following in accordance with construction phases:

(1) Preparation: the project that is conducting preparatory work and has not formally been constructed.

(2) Construction project: the project that is under construction or installation during the report period.

(3) Construction project of the year: the project that has formally started construction or installation in the statistical year.

(4) Newly started project of the year: the construction project that is newly initiated in the statistical year.

(5) Continued project of the year: the project that has formally started and continued construction, installation and purchase activities in the statistical year.

(6) Completed investment project: key parts of the project and supporting facilities have passed check and acceptance and been formally put into operation or use in the statistical period.

(7) Nearly-completed project of the year: the project has completed construction and placed into operation, but several supporting facilities that do not affect the normal production and utilization continue to be constructed in the statistical period.

(8) Stopped or postponed project: the project is being asked to stop or postpone due to national macroeconomic regulation and control or other reasons with the approval of relevant department. The stopped or postponed projects can be divided into completely stopped or postponed project and partially stopped or postponed project.

1) Complete stopped or postponed project refers to the project that no longer constructed or will not be constructed in a short period of time, according to the approved of the relevant department.

2) Partial stopped or postponed project refers to the project that still under construction, but part of the project is no longer constructed or will not be constructed in a short period of time, according to the approval of the relevant department. Stopped or postponed project should be included in the statistical data as construction project.

(9) Fully-completed project: the project that has completed the key parts and supporting facilities of the project according to the design, and has passed check and acceptance and transferred to production or user for operation.

Construction type The types of infrastructures are identified and divided based on features of the constructed project:

(1) Newly-constructed project: It refers to the project being constructed by a newly-established enterprise, non-governmental agency, governmental agency or independent organ.

(2) Expanded construction: It refers to the project in order to expand the existing production capacity (or benefit) or production capacity of new product.

(3) Rehabilitation project: It refers to the project of an enterprise or non-governmental agency conducting technical rehabilitation or re-modernization.

(4) Construction of living facilities: It refers to the project of projects without expansion or rehabilitation of existed production or office buildings.

(5) Relocated construction: It refers to the relocation of projects to other places due to the change of production pattern, requirement of urban environment protection or safe production.

(6) Recovery construction: It refers to the project of an project to make investment on recovery construction because of natural disaster or war that completely or partially destroys its fixed assets.

(7) Procurement only: It refers to the project of an enterprise, non-governmental agency or governmental agency to purchases equipment, tool or instrument only, without installation or construction.

Administrative subordination of project Capital construction project is divided into groups according to the administrative region of the organization in charge of the project.

Five categories are formed on the basis of administrative regions of the project: Central Government, province (autonomous region, municipality directly under the central government), prefecture (autonomous district, municipality directly under the provincial government), county (autonomous county, county-level municipality) and others.

(1) Central Government project: It refers to capital

construction project, enterprise, non-governmental agency or governmental agency directly under administration or management of the Central Committee of Chinese Communist Party, Standing Committee of Chinese People's Congress, or ministries, commissions, bureaus under the State Council and parent companies. The investment plan of fixed assets of these entities are directly worked out and transmitted by the relevant departments under the State Council; allocated materials or equipment for construction are arranged by the relevant Central Government departments.

(2) Province (autonomous region, municipality directly under the central government) project: It refers to capital construction project, enterprise, non-governmental agency or governmental agency directly under administration and management of provincial governments (autonomous region, municipality directly under the central government) or competent department directly in charge.

(3) Prefecture (autonomous district, municipality directly under the provincial government) project: It refers to capital construction project, enterprise, non-governmental agency or governmental agency directly under administration and management of government of prefecture, autonomous district or municipality directly under the provincial government.

(4) County (autonomous county, county-level municipality) project: It refers to capital construction project, enterprise, non-governmental agency or governmental angecy directly under administration and management of government of county, autonomous county or county-level city.

(5) Others: It refers to capital construction project, enterprise, non-governmental agency or governmental agency outside the scope of administration and management of government agencies mentioned above, such as foreign investment enterprise or enterprise without supervised agency.

7 农村水电

Rural Hydropower

简 要 说 明

农村水电统计资料主要包括小水电站和设备建设情况、水力发电设备容量和发电容量、输变配电设备情况等。主要按地区分组汇总。

自2008年起农村水电电站由以往水利系统水电变更为装机5万千瓦及5万千瓦以下水电。

2008年以前水利系统水电统计包括水利系统综合利用枢纽电站数据等。

2016年始，由于报表制度调整，农村水电电网供电和农村水电的县通电情况等不纳入统计；2018年始，不再统计年末输变配电设备。

Brief Introduction

Statistical data of rural hydropower development mainly includes construction of small hydropower stations and utilities, installed capacity and output of hydropower generating units, electricity transmission and distribution facilities, etc. The data is divided into groups according to the region.

The data of rural hydropower development is collected on the basis of installed capacity of hydropower at 50,000 kW and below 50,000 kW since 2008.

The data collected before 2008 includes multi-purpose dam projects.

Electricity supply of rural power network and counties with electricity generated by hydropower has not been included in the statistics since 2016. Installed power transmission and distribution equipment at the end of the year has not been included in the statistics since 2018.

7-1　历年农村水电装机容量及年发电量

Installed Capacity and Power Generation of Rural Hydropower by Year

年份 Year	农村水电装机容量 /千瓦 Installed Capacity of Rural Hydropower /kW	农村水电年发电量 /万千瓦时 Annual Electricity Generation of Rural Hydropower /10⁴ kWh	农村水电新增装机容量 /千瓦 Newly-increased Installed Capacity /kW
2004	34661348	9779541	3591322
2005	38534445	12090340	4127272
2006	43183551	13612942	5459520
2007	47388997	14370080	4593193
2008	51274371	16275901	4194106
2009	55121211	15672470	3807072
2010	59240191	20444258	3793551
2011	62123430	17566867	3277465
2012	65686071	21729246	3399616
2013	71186268	22327711	2460601
2014	73221047	22814929	2553873
2015	75829591	23512813	2412664
2016	77910629	26821937	2032270
2017	79269995	24772495	1353020
2018	80435263	23456083	1643058
2019	81441588	25331502	1071975
2020	81338072	24236893	806662
2021	82903194	22411119	311545
2022	80632767	23600340	158200
2023	81570121	23029883	506510

注　2013年农村水电统计数据与全国第一次水利普查数据进行了校核。

Note　Statistical data of rural hydropower in 2013 is checked in accordance with the First National Census on Water.

7-2　2023 年农村水电装机容量及年发电量（按地区分）

Installed Capacity and Power Generation of Rural Hydropower in 2023 (by Region)

地区	Region	农村水电装机容量 /千瓦 Installed Capacity of Rural Hydropower /kW	农村水电年发电量 /万千瓦时 Annual Electricity Generation of Rural Hydropower /10⁴ kWh	农村水电新增装机容量 /千瓦 Newly-increased Installed Capacity /kW	农村水电站 /处 Number of Rural Hydropower Station /unit
合　计	**Total**	**81570121**	**23029883**	**506510**	**41114**
北　京	Beijing	2990	385		3
天　津	Tianjin	5800	1093		1
河　北	Hebei	376796	82483		215
山　西	Shanxi	204730	56828		134
内 蒙 古	Inner Mongolia	107595	21828		36
辽　宁	Liaoning	476121	102129		186
吉　林	Jilin	636295	186599	8750	265
黑 龙 江	Heilongjiang	392260	137494		79
江　苏	Jiangsu	56800	5856		39
浙　江	Zhejiang	4180786	803833	1400	2829
安　徽	Anhui	1165604	205744	20000	746
福　建	Fujian	6903106	2027050		5084
江　西	Jiangxi	3515120	915042		3667
山　东	Shandong	70997	4758		61
河　南	Henan	406663	85569		310
湖　北	Hubei	3674936	1029510	22000	1579
湖　南	Hunan	6266320	1469116		4228
广　东	Guangdong	7879193	2024139	20000	9354
广　西	Guangxi	4661331	1044387	11190	2262
海　南	Hainan	448355	111785		282
重　庆	Chongqing	3081048	836289	20150	1442
四　川	Sichuan	12621722	4350287	341530	3368
贵　州	Guizhou	3635694	711721		1170
云　南	Yunnan	12529810	3657721	59600	1832
西　藏	Xizang	274397	92491		379
陕　西	Shaanxi	1406290	486740		355
甘　肃	Gansu	2959091	1176196		606
青　海	Qinghai	980932	509359		215
宁　夏	Ningxia	4000	330		1
新　疆	Xinjiang	2087050	712751		289
新疆生产 建设兵团	Xinjiang Production and Construction Corps	436189	140937	1890	93
部 直 属	Organization Directly under the Ministry	122100	39433		4

7-3 2023 年各地区农村水电完成投资情况(按地区分)

Completed Investment for Electricity Supply by Rural Power Network in 2023
(by Region)

单位: 万元
unit: 10⁴yuan

単位: 万元 — unit: 10^4yuan

地区	Region	本年完成投资 Completed Investment	按资金来源分 Financial Resources			
			中央政府资金 Central Government Fundings	地方政府资金 Local Government Fundings	银行贷款 Bank Loan	社会资本 Company and Private Investment
合　计	**Total**	**223020**	**2896**	**127239**	**29304**	**63581**
北　京	Beijing					
天　津	Tianjin					
河　北	Hebei	18072	370	706	15322	1674
山　西	Shanxi	1650		1650		
内 蒙 古	Inner Mongolia					
辽　宁	Liaoning					
吉　林	Jilin					
黑 龙 江	Heilongjiang					
上　海	Shanghai					
江　苏	Jiangsu					
浙　江	Zhejiang	33644	285	11515	13982	7862
安　徽	Anhui					
福　建	Fujian	22000		20066		1934
江　西	Jiangxi	900		900		
山　东	Shandong					
河　南	Henan					
湖　北	Hubei					
湖　南	Hunan	410		410		
广　东	Guangdong	57229	566	55684		980
广　西	Guangxi	12514				12514
海　南	Hainan					
重　庆	Chongqing	35253		3935		31318
四　川	Sichuan	14182	256	10385		3540
贵　州	Guizhou	10654		10140		514
云　南	Yunnan					
西　藏	Xizang					
陕　西	Shaanxi	14513	1420	11848		1245
甘　肃	Gansu					
青　海	Qinghai					
宁　夏	Ningxia					
新　疆	Xinjiang	2000				2000

主要统计指标解释

农村水电　以小水电站为主体，直接为农村经济社会发展服务的水电站及供电网络。

发电量　电厂（发电机组）在报告期内生产的电能量。

Explanatory Notes of Main Statistical Indicators

Rural hydropower　It refers to hydropower stations and power supply networks that directly serve for social and economic development in rural areas and most of which are small hydropower stations.

Power generation　Electricity produced by power plants (electricity generating units) in the report period.

8 水文站网

Hydrological Network

简 要 说 明

水文站网主要按水文测站类别、监测方式、观测项目类别分类分别统计水文站、水位站、雨量站、地下水站、水质站、墒情站等水文测站的情况，以及从业人员和经费等。

本部分资料按流域所属机构和地区分组。历史资料汇总 1949 年至今数据。

1. 水文测站类别包括水文站、水位站、雨量站、蒸发站、地下水站、水质站、墒情站、实验站。

2. 监测方式包括驻测、巡测、巡驻结合、间测、人工观测/监测、自动监测、委托观测等。

3. 观测项目类别包括流量、水位、泥沙、降水量、蒸发、比降、冰情、水温、地下水、地表水水质、水生态、墒情、水文调查、辅助气象等。

Brief Introduction

Hydrological network is classified according to the types of hydrological measurement stations, monitoring methods and measuring items, and is used to collect data of hydrological stations, gauging stations, precipitation stations, groundwater monitoring stations, water quality stations and moisture stations, as well as working staff and expenses.

The data is divided into several groups based on organization and region where river basin is located. Historical data is collected from 1949 to present.

1. The types of hydrological measurement stations include hydrological station, gauging station, precipitation station, evaporation station, groundwater monitoring station, water quality station, moisture station, experiment station.

2. Monitoring methods include perennial stationary gauging, tour gauging, stationary and mobile gauging, interval gauging, manual observation/monitoring, automatic gauging and contract gauging.

3. Measuring items include flow, water level, sediment, precipitation, evaporation, gradient, ice condition, water temperature, groundwater, surface water quality, water ecology, moisture, hydrologic investigation, auxiliary meteorology and so on.

8-1 历年水文站网、职工人数和经费
Hydrological Network, Employees and Expenses by Year

年份 Year	水文站网/处 Hydrological Network/unit								报汛站 /处 Hydrometric Station /unit	职工人数 /人 Number of Employee /person	经费/万元 Expenses/10⁴ yuan	
	水文站 Hydrological Station	水位站 Gauging Station	雨量站 Precipitation Station	蒸发站 Evaporation Station	墒情站 Soil Moisture Station	地下水站 Groundwater Station	水质站 Water Quality Station	实验站 Experiment Station			事业费 Operating Expenses	基建费 Cost of Construction
1949	148	203	2								756	1.9	
1950	419	425	234						1	386	1892	68.9	
1951	796	701	1145						8	685	4208	388.7	
1952	933	831	1554						3	875	5811	550.7	
1953	1059	1006	1754						8	1173	7292	813.8	
1954	1229	1132	1973						9	1652	8589	1134.5	
1955	1396	1205	2337						11	1962	10312	1581.1	
1956	1769	1449	3371						24	2251	13952	2156.8	
1957	2023	1500	3695						41	2778	14167	2304.8	
1958	2766	1308	5494						132	3548	13806	2174.6	
1959	2995	1338	5487						282	4922	16861	2322.5	
1960	3611	1404	5684						318	6013	16867	2470.3	
1961	3402	1252	5587						149	5102	17266	1740.1	
1962	2842	1199	5980						104	5049	15524	1909.4	
1963	2664	1096	6178						96	5051	16862	1881.0	
1964	2692	1116	7252						90	5058	19424	2064.7	
1965	2751	1129	7909						88		19520	2022.0	
1966	2883	1155	10280						49	4838	18369	3174.8	470.4
1967	2681	1127	9477						82	6133	18272	2881.5	269.0
1968	2559	1048	9500						67	5403	18405	2638.3	221.7
1969	2579	1101	10173						32	5390	17661	2846.8	194.9
1970	2663	1144	10154						37	5501	16866	2874.0	229.7
1971	2727	1191	10486						38	6294	17038	2837.7	343.8
1972	2674	1071	10356						62	5576	17516	3200.0	443.1
1973	2690	1329	10447			1322	134		52	6629	17902	2824.2	671.5
1974	2778	1349	11416			3702	80		31	6110	18170	2886.0	812.3
1975	2840	1196	10738			7681	520		24	6949	19180	3193.9	869.3
1976	2882	1336	11855			6858	663		29	8563	19981	3432.3	1215.0
1977	2917	1326	12817				609		26	8369	20886	3661.5	1118.5
1978	2922	1320	13309			11326	758		33	9010	21571	4293.7	1413.4

注　1. 表中 1949—1965 年经费统计为事业费和基建费之和。

　　2. 1958—1964 年实验站数的统计中均包括了部分径流站。

　　3. 1960 年水文站数为年报统计数，偏大。经查核，水文年鉴刊布有流量资料的为 3365 站，年报数仅供参考。

　　4. 1957—1965 年水文站网数中包括水利（电）勘测部门的站。

　　5. 1959—1965 年水文职工数中包括水利（电）勘测部门的水文工作人员。

　　6. 水文站数据含外部门管理的处数。

Notes　1. No separate statistical data of operating expenses and cost of construction are given for the data during 1949–1965.

　　2. The statistics of experiment stations during 1958–1964 includes only some runoff stations.

　　3. The number of hydrological stations in 1960 is estimated based on the Annual Report. After recheck, the stations with runoff data in the Hydrology Year book are 3,365 and the data of Annual Report is for reference only.

　　4. Observation stations during 1957–1965 include stations under water (power) reconnaissance and design institutions.

　　5. Employees of hydrological stations during 1959–1965 include hydrological engineers and workers in water (power) reconnaissance and design institutions.

　　6. Hydrological stations include those under the management of others despite of water department.

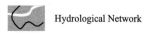

8-1 续表 continued

年份 Year	水文站网/处 Hydrological Network/unit								报汛站 /处 Hydrometric Station /unit	职工人数 /人 Number of Employee /person	经费/万元 Expenses/10⁴ yuan	
	水文站 Hydrological Station	水位站 Gauging Station	雨量站 Precipitation Station	蒸发站 Evaporation Station	墒情站 Soil Moisture Station	地下水监测站 Groundwater Monitoring Station	水质站 Water Quality Station	实验站 Experiment Station			事业费 Operating Expenses	基建费 Cost of Construction
1979	3034	1202	14424			12992	681	45	8265	22856	7432.3	1889.1
1980	3294	1320	15732			16112	747	53	8731	24374	7562.1	1701.7
1981	3341	1317	15969			13343	848	57	8646	26240	7805.1	1085.2
1982	3401	1373	16437				1209	60	8369	27076	8182.9	1374.2
1983	3418	1413	16545			12487	1024	60	8401	27744	8621.0	1677.7
1984	3396	1425	16734			12134	977	63	8418	28316	9942.0	1669.0
1985	3384	1420	16406			12188	1011	63	8381	28426	10910.9	1959.9
1986	3400	1380	16697			11893	1648	58	8583	28549	12581.9	2405.7
1987	3397	1316	16448			11880	1946	56	8539	28793	12863.8	2447.5
1988	3450	1263	16273			13948	1846	64	8843	28516	14201.0	2715.3
1989	3269	1258	15605					58	8617	28257	15583.4	2645.6
1990	3265	1178	15602				2052	61	8604	28065	17233.2	4189.7
1991	3238	1201	15356			13523	2113	60	8482	28211	21285.0	5378.4
1992	3172	1149	15368			11400	2327	56	8525	28202	22725.8	6476.0
1993	3099	1156	15505					48	7485	27439	23981.0	6469.3
1994	3090	1148	14202			11807	1944	66	7423	27278	34160.9	7729.7
1995	3039	1158	14613			11518	1839	69	7165	26404	35347.0	11312.0
1996	3006	1107	14158			11179	2401	61	6987	26555	36321.0	12744.7
1997	3040	1093	14191			10874	2572	128	7296	26118	40386.3	14049.7
1998	3683	1084	13910			11509	2694	129	7484	25929	64311.5	15372.1
1999	3657	1079	13855			11528	2753	125	7584	25238	63628.5	15115.7
2000	3124	1093	14242			11768	2861	81	7559	25146	78514.3	24346.4
2001	3146	1084	14337			11786	3025	75	7716	25180	90125.6	30209.0
2002	3130	1073	14454			11620	3228	74	7893	25436	114414.0	31307.0
2003	3158	1135	14196			12116	3695	80	7648	25640	139392.0	26230.0
2004	3182	1134	14108			11757	3946	70	7595	25906	133830.0	31515.0
2005	3191	1160	14373			12313	4557	69	7815	26133	152446.0	22673.0
2006	3183	1180	13866	13		12598	5140	78	8220	26654	170812.0	45421.0
2007	3162	1221	14211	17		12551	5468	90	8561	26237	199286.0	43031.0
2008	3171	1244	14602	17		12683	5668	51	9678	26480	237430.0	56371.0
2009	3183	1407	15750	11	780	12522	6097	49	10294	26438	283268.0	59182.0
2010	3193	1467	17245	12	1182	12991	6535	57	12786	26366	295179.0	75445.0
2011	3219	1523	19082	19	1648	13489	7750	53	12444	26270	366162.0	338178.0
2012	3592	5317	35637	11	1808	13726	10030	58	16469	26211	394928.0	381950.0
2013	4011	9330	43028	14	1912	16407	11795	57	24518	26236	455736.0	404537.0
2014	4882	9890	46980	21	1927	16990	12869	58	43539	25856	534921.0	243395.0
2015	5706	11180	49403	14	1856	16800	14560	56	45863	25827	564076.0	257923.0
2016	6766	12591	51084	14	1989	16967	14499	52	51596	25570	607308.0	145483.0
2017	7102	13579	54477	19	2751	19147	16123	47	59104	25647	701768.0	88868.0
2018	7253	13625	55413	19	3908	26550	14286	43	66439	25622	765582.0	100460.0
2019	7645	15294	53908	12	3961	26020	12712	56	66956	25462	840839.0	129179.0
2020	7757	16068	53392	8	4218	27448	10962	61	71177	25416	819318.0	140744.0
2021	7891	17485	53239	9	4487	26699	9621	60	70261	25516	814201.0	214807.0
2022	8063	18761	53413	9	5102	26586	9737	60	77837	25184	935361.0	234717.0
2023	8481	20633	56279	9	5809	26576	9187	61	84921	25153	942487.0	265441.0

8-2　2023 年水文站网（按地区分）

Hydrological Network in 2023 (by Region)

单位：处 unit: unit

地区 Region	合计 Total	国家基本水文站 水文部门管理国家基本水文站 合计 Total	河道 River Course	水库 Reservoir	湖泊 Lake	感潮 Lake Flow	渠道 Canal	驻测站 Staff Gauge Station	巡测站 Mobile Gauging Station without Permanent Staff	巡驻结合 Stationary and Mobile Gauging	其中:间测站 Among Which: Gauging Station for Interval Measurement	其中:委托观测站 Among Which: Contracted Observation Station	其中:自动监测站 Among Which: Automatic Monitoring Station	非水文部门管理的国家基本水文站 National Basic Hydrological Station Managed by Non-hydrological Departments
合　计 Total	3312	3243	2705	220	33	109	176	1578	847	818	123	174	1009	69
北　京 Beijing	61	61	43	18				45	16				44	61
天　津 Tianjin	29	23	21			2		18	5					6
河　北 Hebei	136	135	113	20	2					135				1
山　西 Shanxi	68	67	57	10				67					67	1
内蒙古 Inner Mongolia	148	143	132				11	143					21	5
辽　宁 Liaoning	123	102	101	1						102	2		14	21
吉　林 Jilin	109	109	103	6						109			28	
黑龙江 Heilongjiang	120	120	110	10				37	53	30	3	42		
上　海 Shanghai	12	12				12		12						9
江　苏 Jiangsu	159	159	50	6	1	54	48	147	6	6	30	10	41	
浙　江 Zhejiang	95	90	83	3		4		73	13	4		21	31	5
安　徽 Anhui	112	105	55	10	1	2	37	59	4	42	5		30	7
福　建 Fujian	57	55	54	1				55					54	2
江　西 Jiangxi	120	120	119		1			33	82	5			100	
山　东 Shandong	157	157	92	38			27	101	33	23	12	4	11	
河　南 Henan	126	126	87	25			14	88		38			17	
湖　北 Hubei	93	93	62	11			20	58	35		3	5	5	
湖　南 Hunan	113	113	112	1				86	27				19	
广　东 Guangdong	86	80	72	5		3		34	31	15	1	16	37	6
广　西 Guangxi	149	149	146	2		1		56	93		28		114	
海　南 Hainan	13	13	11	2				13						
重　庆 Chongqing	31	31	31							31				
四　川 Sichuan	148	148	148					17	110	21	21			
贵　州 Guizhou	105	105	105					7	76	22			79	
云　南 Yunnan	184	184	169	4	11			48	32	104	1	1	37	
西　藏 Xizang	48	48	48					22	25	1		23	6	
陕　西 Shaanxi	80	80	80					80					19	
甘　肃 Gansu	95	95	83	12				70	9	16	5	8	27	
青　海 Qinghai	35	35	35					33	2				7	
宁　夏 Ningxia	39	29	20				9	3		26			29	10
新　疆 Xinjiang	130	130	120	6			4	100	18	12			12	
新疆生产建设兵团 Xinjiang Production and Construction Corps	18	18	12	6						18				
长江委 Yangtze River Water Resources Commission	128	128	81	20	17	9	1	30	73	25	12		48	
黄委 Yellow River Water Resources Commission	121	118	118					30	45	43			76	3
淮委 Huaihe River Water Resources Commission	1	1	1					1						
海委 Haihe River Water Resources Commission	16	16	9	3			4	13	3					
珠江委 Pearl River Water Resources Commission	28	28	7			21		8	20				21	
松辽委 Songliao River Water Resources Commission	11	9	9						1	8				2
太湖局 Taihu Basin Authority	8	8	6			1	1	3	5				8	

8-2 续表 continued

地区	Region	基本水位站 Basic Hydrological Station									基本雨量站 Basic Rain Gauging Station					
		合计 Total	测量水体 Installed Position					监测方式 Monitoring Method		其中:委托观测站 Among Which: Contracted Observation Station	合计 Total	其中 Among		监测方式 Monitoring Method		其中:委托观测站 Among Which: Contracted Observation Station
			河道 River Course	水库 Reservoir	湖泊 Lake	感潮 Lake Flow	渠道 Canal	人工观测 Manual Observation	自动监测 Automatic Monitoring			常年 Perennial	汛期 Flood Season	人工观测 Manual Observation	自动监测 Automatic Monitoring	
合计	Total	1137	739	79	94	184	41	38	1099	476	14820	13315	1505	5	14815	7794
北京	Beijing										121	121			121	114
天津	Tianjin	2	2						2	2	29	11	18		29	29
河北	Hebei	15	4	4	7			12	3	15	1085	702	383		1085	1085
山西	Shanxi										739	667	72		739	739
内蒙古	Inner Mongolia	10	3	1	6			8	2		490	441	49		490	256
辽宁	Liaoning	9	6			3			9		435	300	135		435	
吉林	Jilin	11	11						11		283	197	86		283	282
黑龙江	Heilongjiang	41	37	2	2			1	40		498	450	48		498	454
上海	Shanghai	41				41			41	13	11	11			11	2
江苏	Jiangsu	140	97	5	12	11	15	3	137	96	237	237			237	194
浙江	Zhejiang	138	101		1	34	2		138	57	486	486			486	229
安徽	Anhui	61	27	1	15	2	16		61	51	626	626			626	
福建	Fujian	43	32			11			43		411	411			411	411
江西	Jiangxi	45	39		6				45		841	841			841	
山东	Shandong	9	1		5	3			9	9	671	352	319		671	671
河南	Henan	32	25	3			4		32	13	751	483	268		751	
湖北	Hubei	42	11	18	11		2		42	11	543	543			543	
湖南	Hunan	12	12					1	11		451	451			451	
广东	Guangdong	94	39	1		54			94	30	735	735			735	735
广西	Guangxi	15	12			3			15		604	604			604	
海南	Hainan	8	5			3			8	1	203	203			203	203
重庆	Chongqing	133	133						133	133	831	831			831	831
四川	Sichuan	29	28		1			1	28		572	572			572	
贵州	Guizhou	4	4						4		561	561			561	
云南	Yunnan	12	2	1	9				12		889	889			889	
西藏	Xizang	3	2		1				3							
陕西	Shaanxi	2	2						2		555	555			555	555
甘肃	Gansu										234	234			234	234
青海	Qinghai	1			1			1			86	76	10		86	86
宁夏	Ningxia	11	11						11		158	129	29		158	
新疆	Xinjiang	1			1				1		5	5		5		5
新疆生产建设兵团	Xinjiang Production and Construction Corps															
长江委	Yangtze River Water Resources Commission	114	52	40	14	8			114	36	29	29			29	29
黄委	Yellow River Water Resources Commission	45	40	3	2			9	36	9	650	562	88		650	650
淮委	Huaihe River Water Resources Commission															
海委	Haihe River Water Resources Commission	3	1				2	2		1						
珠江委	Pearl River Water Resources Commission	11				11			11							
松辽委	Songliao River Water Resources Commission															
太湖局	Taihu Basin Authority															

8-2 续表 continued

地区	Region	蒸发站 Evaporation Station			地下水站 Groundwater Station								
		合计 Total	监测方式 Monitoring Method		合计 Total	设站目的 Station Required Purpose		监测层位 Monitoring Horizon		监测方式 Monitoring Method		其中: Among which:	
			人工观测 Manual Observation	自动监测 Automatic Monitoring		基本站 Basic Station	统测站 Measuring Station	浅层 Shallow Layer	深层 Deep Layer	人工观测 Manual Observation	自动监测 Automatic Monitoring	水质人工监测 Mannual Monitoring of Water Quality	水质自动监测 Automatic Monitoring of Water Quality
合 计	Total	9	3	6	26576	25182	1394	23523	3053	8448	18128	9223	166
北 京	Beijing				1315	1315		1025	290	350	965	787	13
天 津	Tianjin				721	721		128	593	20	701	360	5
河 北	Hebei				3151	3151		1897	1254		3151	954	
山 西	Shanxi				2765	1376	1389	2765		1790	975	574	4
内蒙古	Inner Mongolia				2524	2519	5	2417	107	475	2049	65	84
辽 宁	Liaoning				1032	1032		1011	21	405	627	152	7
吉 林	Jilin				1795	1795		1795		1285	510	821	4
黑龙江	Heilongjiang				3134	3134		3134		819	2315	219	3
上 海	Shanghai				54	54		10	44		54	36	
江 苏	Jiangsu				654	654		654			654	382	
浙 江	Zhejiang				166	166		121	45		166	156	
安 徽	Anhui	1	1		614	614		559	55	163	451	386	5
福 建	Fujian	1		1	55	55		55			55	54	1
江 西	Jiangxi	1		1	128	128		105	23		128	127	1
山 东	Shandong				2309	2309		2199	110	856	1453	926	8
河 南	Henan				2340	2340		2183	157	1620	720	370	4
湖 北	Hubei				215	215		215			215	195	1
湖 南	Hunan				99	99		37	62	5	94	87	2
广 东	Guangdong	1		1	103	103		40	63		103	96	
广 西	Guangxi				124	124		124			124	122	2
海 南	Hainan				75	75		19	56		75	73	2
重 庆	Chongqing				80	80		61	19		80	79	1
四 川	Sichuan				163	163		163		33	130	130	
贵 州	Guizhou				60	60		60		1	59	37	
云 南	Yunnan	2	1	1	181	181		122	59		181	172	1
西 藏	Xizang				60	60		56	4		60	59	1
陕 西①	Shaanxi				1194	1194		1107	87	497	697	679	5
甘 肃	Gansu				464	464		464		126	338	435	4
青 海	Qinghai				140	140		140			140	140	4
宁 夏	Ningxia				358	358		358			358	47	
新 疆	Xinjiang				430	430		430			430	430	3
新疆生产建设兵团	Xinjiang Production and Construction Corps				73	73		69	4	3	70	73	1
长江委	Yangtze River Water Resources Commission	2		2									
黄 委	Yellow River Water Resources Commission	1		1									
淮 委	Huaihe River Water Resources Commission												
海 委	Haihe River Water Resources Commission												
珠江委	Pearl River Water Resources Commission												
松辽委	Songliao River Water Resources Commission												
太湖局	Taihu Basin Authority												

① 陕西地下水站为陕西省地下水保护与监测中心监测站点。
① The groundwater monitoring stations of Shaanxi are managed by Groundwater Management and Monitoring Bureau of Shaanxi Province.

8-2 续表 continued

地区	Region	合计 Total	水质站（地表水）Water Quality Station		
			监测方式 Monitoring Method		
			人工监测 Manual Observation	自动监测 Automatic Monitoring	
合　计	**Total**	**9187**	**8689**	**498**	
北　京	Beijing	306	290	16	
天　津	Tianjin	155	152	3	
河　北	Hebei	143	136	7	
山　西	Shanxi	133	131	2	
内蒙古	Inner Mongolia	209	209		
辽　宁	Liaoning	364	348	16	
吉　林	Jilin	142	142		
黑龙江	Heilongjiang	277	260	17	
上　海	Shanghai	430	410	20	
江　苏	Jiangsu	1022	985	37	
浙　江	Zhejiang	294	294		
安　徽	Anhui	504	393	111	
福　建	Fujian	157	156	1	
江　西	Jiangxi	348	331	17	
山　东	Shandong	89	89		
河　南	Henan	277	277		
湖　北	Hubei	432	404	28	
湖　南	Hunan	229	193	36	
广　东	Guangdong	613	513	100	
广　西	Guangxi	224	224		
海　南	Hainan	52	52		
重　庆	Chongqing	255	243	12	
四　川	Sichuan	359	359		
贵　州	Guizhou	96	82	14	
云　南	Yunnan	482	473	9	
西　藏	Xizang	133	133		
陕　西	Shaanxi				
甘　肃	Gansu	104	98	6	
青　海	Qinghai	79	78	1	
宁　夏	Ningxia	67	52	15	
新　疆	Xinjiang	124	122	2	
新疆生产 建设兵团	Xinjiang Production and Construction Corps	5		5	
长江委	Yangtze River Water Resources Commission	342	331	11	
黄　委	Yellow River Water Resources Commission	84	84		
淮　委	Huaihe River Water Resources Commission	132	132		
海　委	Haihe River Water Resources Commission	83	82	1	
珠江委	Pearl River Water Resources Commission	63	63		
松辽委	Songliao River Water Resources Commission	81	80	1	
太湖局	Taihu Basin Authority	125	118	7	

8-2 续表 continued

地区 Region	墙情站 Soil Moisture Station					实验站 Experiment Station							其中：兼水文站 Among Which: Dual-purpose Hydrological Station
	监测方式 Monitoring Method					实验项目 Experiment Project							
	合计 Total	人工观测 Manual Obser- vation	自动监测 Automatic Monitoring			合计 Total	径流 Runoff	蒸发 Evapo- ration	测验 方法 Test Method	水库 Rese- rvoir	地下水 Ground- water	其他 Others	
			合计 Sub- total	其中： #固定 Fixed	其中： #移动 Mobile								
合计 Total	5809	599	5210	3423	1787	61	18	15	3	2	6	17	23
北京 Beijing	38		38	38									
天津 Tianjin	3		3	3									
河北 Hebei	188	188				2	1	1					1
山西 Shanxi	97		97	97		2					2		
内蒙古 Inner Mongolia	355		355	355									
辽宁 Liaoning	96	41	55	55		3	1	1				1	1
吉林 Jilin	305	43	262	262		2	1	1					
黑龙江 Heilongjiang						4	3	1					3
上海 Shanghai													
江苏 Jiangsu	35	1	34	34									
浙江 Zhejiang	20		20	20		1	1						1
安徽 Anhui	219	90	129	129		5	4	1					4
福建 Fujian	16		16	16		2		1	1				1
江西 Jiangxi	503		503	106	397	2		2					
山东 Shandong	548	155	393	393									
河南 Henan	897		897	367	530								
湖北 Hubei	63		63	63									
湖南 Hunan	344		344	320	24	1			1				
广东 Guangdong	1	1				1		1					
广西 Guangxi	200		200	200		1						1	
海南 Hainan													
重庆 Chongqing	72	5	67	67									
四川 Sichuan	109	11	98		98	1						1	1
贵州 Guizhou	492		492	189	303	2		2					1
云南 Yunnan	408	8	400	400		2					1	1	1
西藏 Xizang	6		6	6		3	2	1					2
陕西 Shaanxi	16	16											
甘肃 Gansu	20	20				1					1		
青海 Qinghai													
宁夏 Ningxia	57	19	38	38									
新疆 Xinjiang	522		522	87	435	1	1						1
新疆生产建设兵团 Xinjiang Production and Construction Corps	178		178	178									
长江委 Yangtze River Water Resources Commission	1	1				5	1	2			2		4
黄委 Yellow River Water Resources Commission						6	2	1		2	1		
淮委 Huaihe River Water Resources Commission													
海委 Haihe River Water Resources Commission													
珠江委 Pearl River Water Resources Commission						12						12	
松辽委 Songliao River Water Resources Commission													
太湖局 Taihu Basin Authority						2	1		1				1

8-2 续表 continued

地区	Region	专用站 Special Station									
		专用水文站 Special Purpose Hydrological Stationl					专用水位站 Special Purpose Gauging Stationl				
		合计 Total	水文部门建设 Built by Hydrological Department		非水文部门建设 Built by Non-hydrological Department	其中：#自动监测 Automatic Monitoring	合计 Total	水文部门建设 Built by Hydrological Department		非水文部门建设 Built by Non-hydrological Department	其中：#自动监测 Automatic Monitoring
			合计 Sub-total	其中：#中小河流项目新建 Newly-built on Medium or Small River				合计 Sub-total	其中：#中小河流项目新建 Newly-built on Medium or Small River		
合　计	Total	5169	4648	3378	521	2638	19496	10874	3315	8622	19450
北　京	Beijing	59	59	41		59					
天　津	Tianjin	37	36	36	1						
河　北	Hebei	90	90	88		89	852	444	145	408	852
山　西	Shanxi	48	45	41	3	48	234	234	47		234
内蒙古	Inner Mongolia	138	138	110		128	14	14	12		14
辽　宁	Liaoning	96	96	96			49	49	49		49
吉　林	Jilin	111	111	79		1	87	87	87		87
黑龙江	Heilongjiang	155	155	146		4	118	118	89		95
上　海	Shanghai	24	24	3		24	157	155	13	2	157
江　苏	Jiangsu	155	155	75		32	143	143	134		143
浙　江	Zhejiang	677	513	38	164	677	8829	5759	14	3070	8829
安　徽	Anhui	307	88	80	219	187	130	126	107	4	130
福　建	Fujian	83	83	83		25	2452	123	123	2329	2452
江　西	Jiangxi	124	124	121		105	1027	289	162	738	1027
山　东	Shandong	330	330	330		3	193	193	193		193
河　南	Henan	239	239	239			125	125	125		125
湖　北	Hubei	197	194	187	3	127	281	248	241	33	281
湖　南	Hunan	149	146	127	3	149	986	186	111	800	986
广　东	Guangdong	210	174	158	36	210	442	430	101	12	442
广　西	Guangxi	265	265	252		127	241	241	204		241
海　南	Hainan	31	31	31		31	21	21	21		21
重　庆	Chongqing	194	194	176		15	797	371	263	426	797
四　川	Sichuan	224	224	201			413	413	245		413
贵　州	Guizhou	254	215	170	39	173	460	161	160	299	460
云　南	Yunnan	210	166	121	44	8	121	111	109	10	121
西　藏	Xizang	87	87	55		87	65	65	59		65
陕　西	Shaanxi	74	73	72	1	73	101	96	96	5	101
甘　肃	Gansu	38	38	38			158	158	158		158
青　海	Qinghai	26	26	13		4	27	27	27		27
宁　夏	Ningxia	194	194	29		143	133	133	84		133
新　疆	Xinjiang	90	82	79	8	38	59	59	59		59
新疆生产建设兵团	Xinjiang Production and Construction Corps	77	77	63			554	77	77	477	554
长江委	Yangtze River Water Resources Commission	23	23				159	159			159
黄　委	Yellow River Water Resources Commission	7	7			7	49	41		8	31
淮　委	Huaihe River Water Resources Commission	42	42								
海　委	Haihe River Water Resources Commission	21	21				5	4		1	
珠江委	Pearl River Water Resources Commission	19	19								
松辽委	Songliao River Water Resources Commission	11	11			11	12	12			12
太湖局	Taihu Basin Authority	53	53			53	2	2			2

8-2 续表 continued

地区	Region	合计 Total	水文部门建设 Built by Hydrological Department		非水文部门建设 Built by Non-hydrological Department	其中：#自动监测 Automatic Monitoring
			合计 Sub-total	其中：#中小河流项目新建 Newly-built on Medium or Small River		
合　计	Total	41459	32508	25383	8951	41455
北　京	Beijing	124	124	49		124
天　津	Tianjin					
河　北	Hebei	1697	194	194	1503	1697
山　西	Shanxi	3407	3407	931		3407
内蒙古	Inner Mongolia	918	918	915		918
辽　宁	Liaoning	1176	1176	828		1176
吉　林	Jilin	1648	1648	1648		1648
黑龙江	Heilongjiang	1475	1475	1315		1475
上　海	Shanghai	138	138	49		138
江　苏	Jiangsu	45	45	45		45
浙　江	Zhejiang	2256	1469	153	787	2256
安　徽	Anhui	589	589	588		589
福　建	Fujian	1163	75		1088	1163
江　西	Jiangxi	2208	1234	628	974	2208
山　东	Shandong	1224	1224	1224		1224
河　南	Henan	3202	2158	2158	1044	3202
湖　北	Hubei	763	763	689		763
湖　南	Hunan	1303	876	369	427	1303
广　东	Guangdong	552	552	307		552
广　西	Guangxi	2895	2124	1795	771	2895
海　南	Hainan	9	9	9		9
重　庆	Chongqing	3802	3305	3305	497	3802
四　川	Sichuan	2737	2737	2578		2737
贵　州	Guizhou	2376	937	558	1439	2376
云　南	Yunnan	1884	1845	1781	39	1884
西　藏	Xizang	615	615	599		615
陕　西	Shaanxi	1299	1288	1288	11	1299
甘　肃	Gansu	159	159	147		159
青　海	Qinghai	301	301	301		301
宁　夏	Ningxia	762	762	714		762
新　疆	Xinjiang	82	78	78	4	78
新疆生产 建设兵团	Xinjiang Production and Construction Corps	422	80	80	342	422
长江委	Yangtze River Water Resources Commission					
黄　委	Yellow River Water Resources Commission	150	125	60	25	150
淮　委	Huaihe River Water Resources Commission					
海　委	Haihe River Water Resources Commission					
珠江委	Pearl River Water Resources Commission					
松辽委	Songliao River Water Resources Commission	78	78			78
太湖局	Taihu Basin Authority					

8-2 续表 continued

地区 Region	合计 Total	报汛抗旱站 Flood Warning Station 测站种类 Types of Station							
		水文站 Hydrological Station			水位站 Gauging Station	雨量站 Precipitation Station	墙情站 Soil Moisture Station	地下水站 Ground-water Station	水质站 Water Quality Station
		合计 Sub-total	其中:#水库 Reservoir	其中:#渠道 Canal					
合 计 Total	84921	12971	7399	1617	10474	45066	3629	10118	2663
北 京 Beijing	1138	75	27	48		73	38	952	
天 津 Tianjin	167	88	14	74	2	24	3		50
河 北 Hebei	8180	505	254	251	487	3810	188	3151	39
山 西 Shanxi	402	61	9			187	97		57
内蒙古 Inner Mongolia	2866	132	77	6	2	125	83	2524	
辽 宁 Liaoning	3088	580	379	8	58	1289	129	1032	
吉 林 Jilin	2546	212	6	2	98	1931	305		
黑龙江 Heilongjiang	3955	270	190	2	148	3392		145	
上 海 Shanghai	406	28			175	149		54	
江 苏 Jiangsu	1890	439	51	216	142	266	21		1022
浙 江 Zhejiang	1608	258	125	33	816	534			
安 徽 Anhui	5889	209	13	56	3235	1355	84	614	392
福 建 Fujian	642	210	144		55	377			
江 西 Jiangxi	4616	244			1072	3049	106	128	17
山 东 Shandong	3847	448	42	406	201	2000	395	803	
河 南 Henan	5070	245	147	98	19	3909	897		
湖 北 Hubei	2039	696	371	325	191	1089	63		
湖 南 Hunan	1346	840	728		12	389	105		
广 东 Guangdong	1033	70			430	291	9	30	203
广 西 Guangxi	4244	678	292		276	2742	200	124	224
海 南 Hainan	203	13	2		8	182			
重 庆 Chongqing	5792	225			927	4556	72		12
四 川 Sichuan	8741	4522	4108		537	3442	11	163	66
贵 州 Guizhou	3793	323			426	2595	449		
云 南 Yunnan	3064	324	4		127	2605	8		
西 藏 Xizang	682	18	11		2	599	3	60	
陕 西① Shaanxi	2566	251	30	12	103	1780	41	218	173
甘 肃 Gansu	81	81	7						
青 海 Qinghai	140	34			1	105			
宁 夏 Ningxia	1324	110	42	3	129	920	57	47	61
新 疆 Xinjiang	463	375	267	35	1		87		
新疆生产建设兵团 Xinjiang Production and Construction Corps	1327	95	48	12	554	422	178	73	5
长江委 Yangtze River Water Resources Commission	658	120	1	1	168	28			342
黄 委 Yellow River Water Resources Commission	971	147	5	21	51	773			
淮 委 Huaihe River Water Resources Commission	1	1							
海 委 Haihe River Water Resources Commission	25	17	3	4	8				
珠江委 Pearl River Water Resources Commission	3	3							
松辽委 Songliao River Water Resources Commission	112	22	2	4	12	78			
太湖局 Taihu Basin Authority	3	2			1				

① 陕西地下水站为陕西省地下水保护与监测中心监测站点。

① The groundwater monitoring stations of Shaanxi are managed by Groundwater Management and Monitoring Bureau of Shaanxi Province.

8-2 续表 continued

地区	Region	可发布预报测站 Forecasting Station	可发布预警测站 Warning Station	辅助站 Auxiliary Station	固定洪调点 Fixed- flood Regulation Station
合　计	**Total**	**2575**	**2729**	**669**	**1216**
北　京	Beijing	40	18		
天　津	Tianjin	5	4		
河　北	Hebei	245	44	80	
山　西	Shanxi	11			
内蒙古	Inner Mongolia	7	25		
辽　宁	Liaoning	42	10		
吉　林	Jilin	87	86		
黑龙江	Heilongjiang	101	17		
上　海	Shanghai	6	3		
江　苏	Jiangsu	43	66		
浙　江	Zhejiang	168	83		
安　徽	Anhui	176	96	88	
福　建	Fujian	46	32		
江　西	Jiangxi	129	113	10	
山　东	Shandong	71	32	181	
河　南	Henan	96		130	50
湖　北	Hubei	270	47		7
湖　南	Hunan	74	136	4	
广　东	Guangdong	123		21	
广　西	Guangxi	98	609	14	
海　南	Hainan	6	9		
重　庆	Chongqing	11	16		
四　川	Sichuan	65	951		
贵　州	Guizhou	57	20	6	
云　南	Yunnan	404			858
西　藏	Xizang	1	12		
陕　西	Shaanxi	36	100		
甘　肃	Gansu	4	3		220
青　海	Qinghai	2	34	13	28
宁　夏	Ningxia	16			46
新　疆	Xinjiang	62	121		7
新疆生产 建设兵团	Xinjiang Production and Construction Corps				
长江委	Yangtze River Water Resources Commission	34	32		
黄　委	Yellow River Water Resources Commission	17	2	18	
淮　委	Huaihe River Water Resources Commission				
海　委	Haihe River Water Resources Commission	3			
珠江委	Pearl River Water Resources Commission			29	
松辽委	Songliao River Water Resources Commission	10	7		
太湖局	Taihu Basin Authority	9	1	75	

8-2 续表 continued

地区 Region	流量 Runoff	水位 Water Level	泥沙 Sediment	悬移质 Suspended Load	推移质 Traction Load	河床质 Bed Load	颗粒分析 Particle Size Analysis	降雨量 Precipitation	蒸发 Evaporation	比降 Gradient	冰情 Ice Condition	水温 Water Temperature
合 计 Total	9533	27257	1703	1592	13	150	457	73242	1756	1154	1201	1234
北 京 Beijing	120	120	17	17			11	245	27	14	33	26
天 津 Tianjin	82	125	20	20			8	51	7		50	10
河 北 Hebei	326	1196	127	127			53	3438	47	65	118	76
山 西 Shanxi	157	396	60	60			26	4235	50	64	49	53
内蒙古 Inner Mongolia	313	337	77	77			2	1408	148	61	122	175
辽 宁 Liaoning	219	277	75	75			31	1863	40	76	66	45
吉 林 Jilin	221	289	47	47				2106	29	62	83	73
黑龙江 Heilongjiang	275	434	25	25			8	2134	71	36	152	127
上 海 Shanghai	49	256						347	12			9
江 苏 Jiangsu	375	661	21	21				674	36	1		7
浙 江 Zhejiang	772	9614	26	26				10319	131	7		35
安 徽 Anhui	672	711	42	42				1525	41	30		
福 建 Fujian	138	304	28	28				505	33	41		21
江 西 Jiangxi	254	1321	31	31			13	4309	71	16		26
山 东 Shandong	775	1021	48	48			3	2662	49	19	99	7
河 南 Henan	402	546	42	42				4192	51	45	107	35
湖 北 Hubei	333	679	15	15			4	1921	42	21		20
湖 南 Hunan	262	1264	31	31				2748	47	53		25
广 东 Guangdong	296	832	24	24			5	2131	33	54		
广 西 Guangxi	414	670	39	39				4142	90	67		44
海 南 Hainan	44	29	5	5				212	6	3		5
重 庆 Chongqing	225	1155	155	155				5788	33			
四 川 Sichuan	373	815	56	56			13	4121	76	12	3	11
贵 州 Guizhou	317	483	21	21				1941	71			23
云 南 Yunnan	405	588	75	75				3640	127	57		57
西 藏 Xizang	136	204	12	12				670	37		24	39
陕 西 Shaanxi	154	257	68	68			30	2115	54	74	10	21
甘 肃 Gansu	151	347	56	56				479	71	35	39	22
青 海 Qinghai	74	95	29	29			1	461	36	37	33	15
宁 夏 Ningxia	233	377	26	26				920	21	9	1	1
新 疆 Xinjiang	276	304	76	76				237	91	71	84	95
新疆生产建设兵团 Xinjiang Production and Construction Corps	95	649	8	8				445	6	4	5	8
长江委 Yangtze River Water Resources Commission	151	424	72	72	13	27	60	195	18			44
黄 委 Yellow River Water Resources Commission	148	242	232	121		123	187	928	38	113	108	61
淮 委 Huaihe River Water Resources Commission	43	43						1	1			
海 委 Haihe River Water Resources Commission	46	44	6	6				23	6	3	7	9
珠江委 Pearl River Water Resources Commission	49	60	3	3				3	2			
松辽委 Songliao River Water Resources Commission	22	34	8	8			2	96	6	4	8	8
太湖局 Taihu Basin Authority	136	54						12	1			1

8-2 续表 continued

地区	Region	地下水 Ground-water	地下水水位 Ground-water Level	地下水水质 Ground-water Quality	地下水水量 Ground-water Quantity	地表水水质 Surface Water Quality	水生态 Water Ecology	墒情 Soil Moisture Condition	水文调查 Hydrolog-ical Survey	辅助气象 Auxiliary Meteorology
合　计	Total	26622	25335	9378	132	10277	1135	6847	1792	608
北　京	Beijing	1315	952	800		306	192	38	20	15
天　津	Tianjin	721	641	365	80	155	20	3	17	11
河　北	Hebei	3151	3150	954	1	282	12	188	92	11
山　西	Shanxi	2765	2765	574		133	14	165	68	68
内蒙古	Inner Mongolia	2524	2524	149		209	6	436	76	45
辽　宁	Liaoning	1032	1032	159		364	2	96	62	1
吉　林	Jilin	1795	1795	821		142	1	305	24	10
黑龙江	Heilongjiang	3138	2315	222		277			314	118
上　海	Shanghai	91	91	59		470	6			25
江　苏	Jiangsu	654	654	382		1022		35		
浙　江	Zhejiang	166	166	156	1	294	21	64	3	
安　徽	Anhui	614	614	391		504	19	325	45	3
福　建	Fujian	55	55	55		157	1	16		1
江　西	Jiangxi	128	128	128		454	113	503	19	15
山　东	Shandong	2309	2303	926	6	89	5	548	147	
河　南	Henan	2340	2340	370	8	277	76	897	130	9
湖　北	Hubei	215	215	195		368	178	63	449	
湖　南	Hunan	99	94	89		318		859		
广　东	Guangdong	103	103	96		797	209	6	37	31
广　西	Guangxi	124	124	124	20	300	7	200		38
海　南	Hainan	75	75	75		52			11	2
重　庆	Chongqing	80	80	80		255		266		
四　川	Sichuan	163	163	130		359	3	109		
贵　州	Guizhou	60	59	37	11	178	9	492		
云　南	Yunnan	183	183	173		670	84	408	22	31
西　藏	Xizang	60	60	60		174		6	15	21
陕　西①	Shaanxi	1194	1194	679		173	18	41		
甘　肃	Gansu	464	464	439		104		20		22
青　海	Qinghai	140	140	140		79	5		28	1
宁　夏	Ningxia	358	358	47		61	6	57	46	
新　疆	Xinjiang	430	425	430	5	236	15	522	40	49
新疆生产建设兵团	Xinjiang Production and Construction Corps	73	70	73		5		178		15
长江委	Yangtze River Water Resources Commission	2	2			342	15	1		5
黄　委	Yellow River Water Resources Commission					127	43		124	38
淮　委	Huaihe River Water Resources Commission					132	7			
海　委	Haihe River Water Resources Commission	1	1			83			3	4
珠江委	Pearl River Water Resources Commission					57	6			
松辽委	Songliao River Water Resources Commission					101				6
太湖局	Taihu Basin Authority					171	42			13

① 陕西地下水观测项目为陕西省地下水保护与监测中心监测站点地下水观测项目。

① The groundwater measuring items of Shaanxi are managed by Groundwater Management and Monitoring Bureau of Shaanxi Province.

主要统计指标解释

水文测站　为经常收集水文数据而在河、渠、湖、库上或流域内设立的各种水文观测场所的总称。

国家基本水文测站　为公用目的，经统一规划设立，能获取基本水文要素值多年变化资料的水文测站。它应进行较长期的连续观测，资料长期存储。

水文站　设在河、渠、湖、库上以测定水位、流量为主的水文测站，根据需要还可监测降水、水面蒸发、泥沙、墒情、地下水、水质、气象要素等有关项目。

水位站　以观测水位为主，可兼测降水量等项目的水文测站。

雨量站（降水量站）　以观测降水量为主的水文测站。

蒸发站　观测水面蒸发量及相关项目的水文测站。

地下水站（井）　为观测地下水的量、质动态变化，在水文地质单元或地下水开采区等设置的水文测站或地下水监测井（孔）。

水质站（水质监测站）　为掌握水资源质量变化动态，收集和积累水体的物理、化学和生物等监测信息而进行采样和现场测定位置的总称。

墒情站　观测土壤含水量变化的水文测站。

水文实验站　在天然和人为特定实验条件下，由一个或一组水文观测试验项目站点组成的专门场所。

巡测站　水文专业人员以巡回流动的方式定期或不定期地对一个地区或流域内各观测站（点）的水文要素进行测验的水文测站。

Explanatory Notes of Main Statistical Indicators

Hydrological station General term for hydrological observation locations built on rivers, canals, lakes, reservoirs or inside river basins for gathering hydrological data.

Basic station Hydrological measurement stations that are built for public purpose and designed according to unified planning to gather multi-year variables of basic hydrological element value. This kind of station carries out long-term and continuous observation and stores data for future usage.

Hydrological station Hydrological measurement stations that are built on rivers, canals, lakes or reservoirs and mainly for observation of water level and flow. When necessary, it can also be used to observe precipitation, water surface evaporation, sediment, moisture, groundwater, water quality, meteorological and other related data.

Stage gauging station Hydrological measurement stations that are mainly used to observe water level, and can also be used to observe precipitation and other related data at the same time.

Rainfall station (Precipitation station) Hydrological measurement stations that are used to observe precipitation.

Evaporation station Hydrological measurement stations that are used to observe water surface evaporation and other relevant data.

Groundwater monitoring station (Well) Hydrological measurement stations or groundwater monitoring well (hole) that are located in hydrogeological units or groundwater abstraction zone and used to observe the dynamic changes of water quantity and quality.

Water quality station (Water quality monitoring station) General term for sampling and on-site measurement locations which are used to observe dynamic changes of water quality and gather and accumulate monitoring data related to physical, chemical and biological conditions of water bodies.

Moisture gauging station Hydrological measurement stations that are used to observe the variation of soil moisture content.

Hydrological experimental station It is a special place composed of one or a group of hydrological observation and test project stations under the natural and artificial specific experimental conditions.

Tour hydrological station Hydrological measurement stations that are used for hydrological professionals to conduct regular or irregular tests on hydrological elements of measurement stations (points) in a region or within a river basin.

9 从业人员情况

Employees

简 要 说 明

从业人员情况统计资料主要包括水利部机关、直属单位、各省（自治区、直辖市）和计划单列市水利（水务）厅（局）的从业人员和技术工人情况等。

本部分资料分水利部机关和流域管理机构、水利部在京直属单位、其他京外直属单位和地方水利部门。

Brief Introduction

Statistical data of employment provides you with information on employees working for the water sector, including staff and workers employed by the Ministry of Water Resources and organizations under the ministry, water resources departments of provinces (autonomous regions or municipalities) as well as cities with separate plans.

The data of Ministry of Water Resources and river basin commissions under the Ministry, affiliate organizations of the Ministry in Beijing and affiliate organizations of the Ministry out of Beijing and local water resources departments is shown separately by group.

9-1　2023 年水利部从业人员

Employees of the Ministry of Water Resources in 2023

单 位	Institution	单位个数 /个 Number of Organizations /unit	年末人数　Total staff at the End of the Year				
			单位从业人员 /人 Employees /person	在岗职工 /人 Full-time Staff /person	劳务派遣人员 /人 Contracted Service Staff /person	外聘人员 /人 Staff Employed from outside /person	其他从业人员 /人 Other Employees /person
水利部	**Ministry of Water Resources (MWR)**	**618**	**60682**	**55637**	**3966**	**397**	**682**
水利部机关和流域管理机构	MWR and River Basin Commissions	539	48211	45976	1442	372	421
水利部在京直属单位	Affiliate Organizations of MWR in Beijing	68	9665	7497	1963	18	187
其他京外直属单位	Affiliate Organizations of MWR outside Beijing	11	2806	2164	561	7	74

9-1 续表 continued

单 位	Institution	平均人数 Average Number				
		单位从业人员/人 Employees /person	在岗职工/人 Full-time Staff /person	劳务派遣人员/人 Contracted Service Staff /person	外聘人员/人 Staff Employed from outside /person	其他从业人员/人 Other Employees /person
水利部	Ministry of Water Resources (MWR)	**61106**	**56086**	**3840**	**397**	**784**
水利部机关和流域管理机构	Ministry and River Basin Commissions	48739	46383	1463	366	527
水利部在京直属单位	Affiliate Organizations of MWR in Beijing	9548	7497	1850	18	183
其他京外直属单位	Affiliate Organizations of MWR outside Beijing	2819	2205	527	12	74

9-2 2023 年地方水利部门从业人员

Employees of Local Water Resources Departments in 2023

单 位	Institution	单位个数/个 Number of Organizations /unit	单位从业人员 年末人数/人 Employees at the end of the Year /person	在岗职工/人 Fully Employed Staff /person	劳务派遣人员/人 Service Dispatching Employees /person	外聘人员/人 Staff Employed from outside /person	其他从业人员/人 Other Employees /person
地方水利部门	**Local Water Resources Departments**	**28094**	**597088**	**570733**	**17531**	**5971**	**2853**
北京市水务局	Beijing Water Authority	243	8961	8640	262	19	40
天津市水务局	Tianjin Water Authority	118	13304	12082	1205	10	7
河北省水利厅	Hebei Provincial Water Resources Department	1199	28802	27808	896	52	46
山西省水利厅	Shanxi Provincial Water Resources Department	543	17146	16878	75	36	157
内蒙古自治区水利厅	Water Resources Department of Inner Mongolia Autonomous	534	17525	17017	76	398	34
辽宁省水利厅	Liaoning Provincial Water Resources Department	352	13402	13157	212		33
吉林省水利厅	Jilin Provincial Water Resources Department	715	15146	15059	58	29	
黑龙江省水利厅	Heilongjiang Provincial Water Resources Department	704	15550	15391	1	140	18
上海市水务局	Shanghai Water Authority	165	5012	4756	256		
江苏省水利厅	Jiangsu Provincial Water Resources Department	1896	25237	24698	502	37	
浙江省水利厅	Zhejiang Provincial Water Resources Department	1654	21453	16710	4743		
安徽省水利厅	Anhui Provincial Water Resources Department	1358	21979	21893	24	55	7
福建省水利厅	Fujian Provincial Water Resources Department	825	9687	9263	310	44	70
江西省水利厅	Jiangxi Provincial Water Resources Department	514	13812	13466	77	241	28
山东省水利厅	Shandong Provincial Water Resources Department	1381	32763	32559	107	16	81
河南省水利厅	Henan Provincial Water Resources Department	1161	40101	39913	97	33	58
湖北省水利厅	Hubei Provincial Water Resources Department	2031	30611	29722	594	295	
湖南省水利厅	Hunan Provincial Water Resources Department	1621	34925	34338	349	90	148
广东省水利厅	Guangdong Provincial Water Resources Department	1337	30800	29556	184	445	615
广西壮族自治区水利厅	Water Resources Department of Guangxi Zhuang Autonomous Region	1222	19984	18427	671	437	449
海南省水务厅	Hainan Water Authority	140	3982	3823	136	23	
重庆市水利局	Chongqing Water Resources Bureau	346	6116	5596	433	87	
四川省水利厅	Sichuan Provincial Water Resources Department	754	27219	25903	697	384	235
贵州省水利厅	Guizhou Provincial Water Resources Department	1769	20829	18617	1834	356	22
云南省水利厅	Yunnan Provincial Water Resources Department	1600	17941	17210	502	166	63
西藏自治区水利厅	Water Resources Department of Xizang Autonomous Region	93	2457	1961	123	369	4
陕西省水利厅	Shaanxi Provincial Water Resources Department	1124	32957	32859	31	67	
甘肃省水利厅	Gansu Provincial Water Resources Department	1169	29592	28499	640	182	271
青海省水利厅	Qinghai Provincial Water Resources Department	336	4849	4711	85	22	31
宁夏回族自治区水利厅	Water Resources Department of Ningxia Hui Autonomous Region	148	5717	5555	50	81	31
新疆维吾尔自治区水利厅	Water Resources Department of Xinjiang Uygur Autonomous Region	800	22707	19088	1372	1842	405
大连市水务局	Dalian Water Authority	10	682	682			
宁波市水利局	Ningbo Water Resources Bureau	116	1665	1569	81	15	
厦门市水利局	Xiamen Water Resources Bureau	19	337	328	9		
青岛市水务管理局	Qingdao Water Management Bureau	51	1454	1454			
深圳市水务局	Shenzhen Water Authority	42	2303	1467	836		
新疆生产建设兵团水利局	Water Resources Department of Xinjiang Production and Construction Corps	4	81	78	3		

9-2 续表 continued

单位 Institution		平均人数 Average Number				
		单位从业人员/人 Employees /person	在岗职工/人 Full-time Staff /person	劳务派遣人员/人 Contracted Service Staff/person	外聘人员/人 Staff Employed from outside/person	其他从业人员/人 Other Employees /person
地方水利部门	Local Water Resources Departments	**597519**	**571320**	**17359**	**5951**	**2869**
北京市水务局	Beijing Water Authority	9072	8741	270	19	42
天津市水务局	Tianjin Water Authority	13420	12246	1160	5	9
河北省水利厅	Hebei Provincial Water Resources Department	28717	27742	877	52	46
山西省水利厅	Shanxi Provincial Water Resources Department	17222	16950	76	39	157
内蒙古自治区水利厅	Water Resources Department of Inner Mongolia Autonomous Region	17633	17083	121	395	34
辽宁省水利厅	Liaoning Provincial Water Resources Department	13414	13169	212		33
吉林省水利厅	Jilin Provincial Water Resources Department	15121	15033	59	29	
黑龙江省水利厅	Heilongjiang Provincial Water Resources Department	15464	15300	1	146	18
上海市水务局	Shanghai Water Authority	4986	4735	251		
江苏省水利厅	Jiangsu Provincial Water Resources Department	25319	24779	503	37	
浙江省水利厅	Zhejiang Provincial Water Resources Department	21603	16860	4743		
安徽省水利厅	Anhui Provincial Water Resources Department	22001	21915	24	55	7
福建省水利厅	Fujian Provincial Water Resources Department	9683	9255	314	44	70
江西省水利厅	Jiangxi Provincial Water Resources Department	13813	13471	68	246	28
山东省水利厅	Shandong Provincial Water Resources Department	32459	32287	155	17	
河南省水利厅	Henan Provincial Water Resources Department	40504	40311	98	33	62
湖北省水利厅	Hubei Provincial Water Resources Department	31143	30263	570	310	
湖南省水利厅	Hunan Provincial Water Resources Department	35442	34833	333	94	182
广东省水利厅	Guangdong Provincial Water Resources Department	30735	29479	191	450	615
广西壮族自治区水利厅	Water Resources Department of Guangxi Zhuang Autonomous Region	19999	18445	671	414	469
海南省水务厅	Hainan Water Authority	3985	3793	156	36	
重庆市水利局	Chongqing Water Resources Bureau	6081	5599	398	84	
四川省水利厅	Sichuan Provincial Water Resources Department	27349	26026	688	392	243
贵州省水利厅	Guizhou Provincial Water Resources Department	20009	17995	1670	327	17
云南省水利厅	Yunnan Provincial Water Resources Department	17948	17213	508	162	65
西藏自治区水利厅	Water Resources Department of Xizang Autonomous Region	2425	1938	119	364	4
陕西省水利厅	Shaanxi Provincial Water Resources Department	32666	32568	31	67	
甘肃省水利厅	Gansu Provincial Water Resources Department	29425	28285	658	183	299
青海省水利厅	Qinghai Provincial Water Resources Department	4850	4701	96	22	31
宁夏回族自治区水利厅	Water Resources Department of Ningxia Hui Autonomous Region	5756	5594	50	82	30
新疆维吾尔自治区水利厅	Water Resources Department of Xinjiang Uygur Autonomous Region	22765	19143	1382	1833	407
大连市水务局	Dalian Water Authority	686	686			
宁波市水利局	Ningbo Water Resources Bureau	1668	1572	81	15	
厦门市水利局	Xiamen Water Resources Bureau	341	332	9		
青岛市水务管理局	Qingdao Water Management Bureau	1452	1452			
深圳市水务局	Shenzhen Water Authority	2281	1448	833		
新疆生产建设兵团水利局	Water Resources Department of Xinjiang Production and Construction Corps	82	78	4		

9-3　2023 年水利部职工职称情况

Employees with Technical Titles of the Ministry of Water Resources in 2023

单位：人

unit: person

单　位 Institution		合计 Total	高级 Senior	中级 Intermediate	初级 Elementary
水利部	**Ministry of Water Resources (MWR)**	**36883**	**15141**	**12992**	**8750**
水利部机关和流域管理机构	The Ministry and River Basin Commissions	29170	10937	10759	7474
水利部在京直属单位	Affiliate Organizations of the Ministry in Beijing	5771	3259	1627	885
其他京外直属单位	Affiliate Organizations of the Ministry out of Beijing	1942	945	606	391

9-4 2023 年地方水利部门职工职称情况

Employees with Technical Titles in Local Water Resources Departments in 2023

单位：人   unit: person

单　　位	Institution	合计 Total	高级 Senior	中级 Intermediate	初级 Elementary
地方水利部门	**Local Water Resources Departments**	**252027**	**60417**	**104767**	**86843**
北京市水务局	Beijing Water Authority	4298	1015	1823	1460
天津市水务局	Tianjin Water Authority	6832	2018	2634	2180
河北省水利厅	Hebei Provincial Water Resources Department	10345	2462	3915	3968
山西省水利厅	Shanxi Provincial Water Resources Department	6503	756	2962	2785
内蒙古自治区水利厅	Water Resources Department of Inner Mongolia Autonomous Region	7759	2705	2959	2095
辽宁省水利厅	Liaoning Provincial Water Resources Department	5222	1486	2227	1509
吉林省水利厅	Jilin Provincial Water Resources Department	6337	2059	2177	2101
黑龙江省水利厅	Heilongjiang Provincial Water Resources Department	7110	2181	2755	2174
上海市水务局	Shanghai Water Authority	2486	381	953	1152
江苏省水利厅	Jiangsu Provincial Water Resources Department	12829	3172	5129	4528
浙江省水利厅	Zhejiang Provincial Water Resources Department	10222	3460	5421	1341
安徽省水利厅	Anhui Provincial Water Resources Department	10031	2152	3717	4162
福建省水利厅	Fujian Provincial Water Resources Department	4796	1146	1930	1720
江西省水利厅	Jiangxi Provincial Water Resources Department	4846	826	2005	2015
山东省水利厅	Shandong Provincial Water Resources Department	20003	4508	9311	6184
河南省水利厅	Henan Provincial Water Resources Department	11097	1833	5077	4187
湖北省水利厅	Hubei Provincial Water Resources Department	11510	1605	5065	4840
湖南省水利厅	Hunan Provincial Water Resources Department	10996	1474	5295	4227
广东省水利厅	Guangdong Provincial Water Resources Department	9471	1704	3261	4506
广西壮族自治区水利厅	Water Resources Department of Guangxi Zhuang Autonomous Region	9107	1623	3941	3543
海南省水务厅	Hainan Water Authority	675	77	162	436
重庆市水利局	Chongqing Water Resources Bureau	2826	714	1413	699
四川省水利厅	Sichuan Provincial Water Resources Department	12492	3200	5022	4270
贵州省水利厅	Guizhou Provincial Water Resources Department	8819	2051	3536	3232
云南省水利厅	Yunnan Provincial Water Resources Department	11030	3835	4432	2763
西藏自治区水利厅	Water Resources Department of Xizang Autonomous Region	1035	162	388	485
陕西省水利厅	Shaanxi Provincial Water Resources Department	11920	2686	4917	4317
甘肃省水利厅	Gansu Provincial Water Resources Department	13169	3768	5470	3931
青海省水利厅	Qinghai Provincial Water Resources Department	2813	629	1181	1003
宁夏回族自治区水利厅	Water Resources Department of Ningxia Hui Autonomous Region	2969	815	1128	1026
新疆维吾尔自治区水利厅	Water Resources Department of Xinjiang Uygur Autonomous Region	9883	3037	3476	3370
大连市水务局	Dalian Water Authority	198	63	78	57
宁波市水利局	Ningbo Water Resources Bureau	832	197	335	300
厦门市水利局	Xiamen Water Resources Bureau	83	19	38	26
青岛市水务管理局	Qingdao Water Management Bureau	644	263	284	97
深圳市水务局	Shenzhen Water Authority	817	328	341	148
新疆生产建设兵团水利局	Water Resources Department of Xinjiang Production and Construction Corps	22	7	9	6

9-5 2023 年水利部技术工人结构

Statistics of Skilled Workers of the Ministry of Water Resources in 2023

单 位	Institution	合计/人 Total/person	无等级/人 Non-graded Workers/person	初级工/人 Elementary Workers/person	#获证人数/人 With Certificate/person	#当年获证/人 Getting Certificate in the Year/person
水利部	Ministry of Water Resources (MWR)	14237	2099	1307	1110	2
水利部机关和流域管理机构	The Ministry and River Basin Commissions	12854	1638	851	825	2
水利部在京直属单位	Affiliate Organizations of the Ministry in Beijing	1277	436	448	277	
其他京外直属单位	Affiliate Organizations of the Ministry out of Beijing	106	25	8	8	

9-5 续表 continued

单 位 Institution		中级工 /人 Intermediate Workers /person	#获证人数/人 With Certificate /person	#当年获证 Getting Certificate of the Year/person	高级工 /人 Senior Workers /person	#获证人数/人 With Certificate /person	#当年获证/人 Getting Certificate of the Year/person
水利部	Ministry of Water Resources (MWR)	**1955**	**1919**	**8**	**5312**	**5277**	**26**
水利部机关和流域管理机构	The Ministry and River Basin Commissions	1827	1823	7	5123	5117	26
水利部在京直属单位	Affiliate Organizations of the Ministry in Beijing	125	93	1	140	111	
其他京外直属单位	Affiliate Organizations of the Ministry out of Beijing	3	3		49	49	

9-5 续表 continued

单 位	Institution	技师/人 Technician /person	#获证人数/人 With Certificate /person	#当年获证/人 Getting Certificate of the Year/person	高级技师/人 Senior Technician /person	#获证人数/人 With Certificate /person	#当年获证/人 Getting Certificate of the Year/person
水利部	**Ministry of Water Resources (MWR)**	**2865**	**2860**	**12**	**699**	**698**	**4**
水利部机关和流域管理机构	The Ministry and River Basin Commissions	2764	2759	11	651	651	2
水利部在京直属单位	Affiliate Organizations of the Ministry in Beijing	84	84	1	44	43	2
其他京外直属单位	Affiliate Organizations of the Ministry out of Beijing	17	17		4	4	

9-6 2023年地方水利部门技术工人结构

Statistics of Skilled Workers of Local Water Departments in 2023

单 位	Institution	合计/人 Total /person	无等级/人 Non-graded Workers /person	初级工/人 Elementary Workers /person	#获证人数/人 With Certificate/person	#当年获证/人 Getting Certificate of the Year/person
地方水利部门	**Local Water Resources Departments**	**191201**	**34249**	**23140**	**19888**	**841**
北京市水务局	Beijing Water Authority	918	72	88	77	
天津市水务局	Tianjin Water Authority	3838	781	477	369	75
河北省水利厅	Hebei Provincial Water Resources Department	12103	437	2398	1964	12
山西省水利厅	Shanxi Provincial Water Resources Department	7020	899	1426	1220	20
内蒙古自治区水利厅	Water Resources Department of Inner Mongolia Autonomous Region	5894	1527	491	124	1
辽宁省水利厅	Liaoning Provincial Water Resources Department	4088	331	372	284	10
吉林省水利厅	Jilin Provincial Water Resources Department	5517	1855	1200	577	38
黑龙江省水利厅	Heilongjiang Provincial Water Resources Department	5895	2108	377	234	3
上海市水务局	Shanghai Water Authority	246	16	24	24	
江苏省水利厅	Jiangsu Provincial Water Resources Department	7138	144	932	878	77
浙江省水利厅	Zhejiang Provincial Water Resources Department	3215		1518	1518	312
安徽省水利厅	Anhui Provincial Water Resources Department	7754	691	788	628	5
福建省水利厅	Fujian Provincial Water Resources Department	2158	378	312	299	3
江西省水利厅	Jiangxi Provincial Water Resources Department	4922	421	632	540	11
山东省水利厅	Shandong Provincial Water Resources Department	5957	1847	665	585	9
河南省水利厅	Henan Provincial Water Resources Department	20789	825	1981	1933	38
湖北省水利厅	Hubei Provincial Water Resources Department	9758	798	1495	1488	27
湖南省水利厅	Hunan Provincial Water Resources Department	16632	2230	1994	1918	27
广东省水利厅	Guangdong Provincial Water Resources Department	13078	6878	1618	1369	7
广西壮族自治区水利厅	Water Resources Department of Guangxi Zhuang Autonomous Region	5086	1048	378	378	2
海南省水务厅	Hainan Water Authority	2066	1606	200	138	
重庆市水利局	Chongqing Water Resources Bureau	545	84	17	14	1
四川省水利厅	Sichuan Provincial Water Resources Department	6026	1464	355	266	9
贵州省水利厅	Guizhou Provincial Water Resources Department	4642	2991	244	123	8
云南省水利厅	Yunnan Provincial Water Resources Department	3207	107	114	114	5
西藏自治区水利厅	Water Resources Department of Xizang Autonomous Region	122	15	6	4	
陕西省水利厅	Shaanxi Provincial Water Resources Department	14384	924	1228	1228	81
甘肃省水利厅	Gansu Provincial Water Resources Department	9681	2323	976	855	50
青海省水利厅	Qinghai Provincial Water Resources Department	710	222	41	41	3
宁夏回族自治区水利厅	Water Resources Department of Ningxia Hui Autonomous Region	1654	9	26	23	
新疆维吾尔自治区水利厅	Water Resources Department of Xinjiang Uygur Autonomous Region	5349	1007	700	608	7
大连市水务局	Dalian Water Authority	233	73	15	15	
宁波市水利局	Ningbo Water Resources Bureau	141	29	7	7	
厦门市水利局	Xiamen Water Resources Bureau	46		2	2	
青岛市水务管理局	Qingdao Water Management Bureau	249	48	27	27	
深圳市水务局	Shenzhen Water Authority	140	61	16	16	
新疆生产建设兵团水利局	Water Resources Department of Xinjiang Production and Construction Corps					

9-6 续表 continued

单 位	Institution	中级工/人 Intermediate Workers /person	#获证人数/人 With Certificate /person	#当年获证/人 Getting Certificate of the Year/person	高级工/人 Senior Workers /person	#获证人数/人 With Certificate /person	#当年获证/人 Getting Certificate of the Year/person
地方水利部门	**Local Water Resources Departments**	**36109**	**32945**	**1309**	**57260**	**53546**	**1942**
北京市水务局	Beijing Water Authority	325	302	13	404	384	28
天津市水务局	Tianjin Water Authority	680	459	72	1704	1365	68
河北省水利厅	Hebei Provincial Water Resources Department	2849	2635	50	4329	4036	104
山西省水利厅	Shanxi Provincial Water Resources Department	1424	1337	66	1132	1081	86
内蒙古自治区水利厅	Water Resources Department of Inner Mongolia Autonomous Region	418	299	12	740	679	7
辽宁省水利厅	Liaoning Provincial Water Resources Department	985	735	66	2148	1705	128
吉林省水利厅	Jilin Provincial Water Resources Department	933	746	84	844	710	123
黑龙江省水利厅	Heilongjiang Provincial Water Resources Department	556	498	26	950	850	40
上海市水务局	Shanghai Water Authority	123	123		71	71	2
江苏省水利厅	Jiangsu Provincial Water Resources Department	1217	1115	47	3907	3664	63
浙江省水利厅	Zhejiang Provincial Water Resources Department	660	640	65	590	590	
安徽省水利厅	Anhui Provincial Water Resources Department	2261	1993	47	3790	3545	25
福建省水利厅	Fujian Provincial Water Resources Department	420	391	3	806	747	2
江西省水利厅	Jiangxi Provincial Water Resources Department	954	878	18	1914	1632	61
山东省水利厅	Shandong Provincial Water Resources Department	1198	1117	26	1778	1646	33
河南省水利厅	Henan Provincial Water Resources Department	3140	3072	73	6257	6122	300
湖北省水利厅	Hubei Provincial Water Resources Department	1507	1498	38	2495	2476	49
湖南省水利厅	Hunan Provincial Water Resources Department	3670	3213	56	4207	3989	120
广东省水利厅	Guangdong Provincial Water Resources Department	2261	1903	5	2296	1965	16
广西壮族自治区水利厅	Water Resources Department of Guangxi Zhuang Autonomous Region	1303	1303	3	2161	2161	12
海南省水务厅	Hainan Water Authority	179	175		70	65	1
重庆市水利局	Chongqing Water Resources Bureau	154	148	11	196	181	9
四川省水利厅	Sichuan Provincial Water Resources Department	1413	1225	41	1864	1742	46
贵州省水利厅	Guizhou Provincial Water Resources Department	447	380	16	688	593	41
云南省水利厅	Yunnan Provincial Water Resources Department	397	397	17	1831	1831	37
西藏自治区水利厅	Water Resources Department of Xizang Autonomous Region	32	29	1	49	41	4
陕西省水利厅	Shaanxi Provincial Water Resources Department	3666	3666	349	5296	5296	384
甘肃省水利厅	Gansu Provincial Water Resources Department	1583	1422	84	2147	1999	96
青海省水利厅	Qinghai Provincial Water Resources Department	92	92	9	228	228	12
宁夏回族自治区水利厅	Water Resources Department of Ningxia Hui Autonomous Region	155	134		528	452	8
新疆维吾尔自治区水利厅	Water Resources Department of Xinjiang Uygur Autonomous Region	981	896	10	1554	1473	35
大连市水务局	Dalian Water Authority	40	40	1	75	75	
宁波市水利局	Ningbo Water Resources Bureau	18	17		33	33	
厦门市水利局	Xiamen Water Resources Bureau	9	9		28	28	
青岛市水务管理局	Qingdao Water Management Bureau	44	43		105	46	2
深圳市水务局	Shenzhen Water Authority	15	15		45	45	
新疆生产建设兵团水利局	Water Resources Department of Xinjiang Production and Construction Corps						

 Employees

9-6 续表 continued

单 位	Institution	技师/人 Technician /person	#获证人数/人 With Certificate /person	#当年获证/人 Getting Certificate of the Year/person	高级技师/人 Senior Technician /person	#获证人数/人 With Certificate /person	#当年获证/人 Getting Certificate of the Year/person
地方水利部门	**Local Water Resources Departments**	35421	33815	2424	5022	4751	407
北京市水务局	Beijing Water Authority	28	26	3	1	1	1
天津市水务局	Tianjin Water Authority	140	102	20	56	1	1
河北省水利厅	Hebei Provincial Water Resources Department	2080	1984	73	10	10	
山西省水利厅	Shanxi Provincial Water Resources Department	2139	1901	145			
内蒙古自治区水利厅	Water Resources Department of Inner Mongolia Autonomous Region	700	631	42	2018	1875	78
辽宁省水利厅	Liaoning Provincial Water Resources Department	248	194	12	4	3	
吉林省水利厅	Jilin Provincial Water Resources Department	485	431	57	200	187	48
黑龙江省水利厅	Heilongjiang Provincial Water Resources Department	1867	1646	94	37	37	13
上海市水务局	Shanghai Water Authority	11	11	2	1	1	1
江苏省水利厅	Jiangsu Provincial Water Resources Department	801	774	52	137	130	8
浙江省水利厅	Zhejiang Provincial Water Resources Department	436	436		11	11	
安徽省水利厅	Anhui Provincial Water Resources Department	212	197	51	12	12	9
福建省水利厅	Fujian Provincial Water Resources Department	229	200	6	13	12	3
江西省水利厅	Jiangxi Provincial Water Resources Department	1000	966	197	1	1	1
山东省水利厅	Shandong Provincial Water Resources Department	393	371	119	76	76	21
河南省水利厅	Henan Provincial Water Resources Department	8233	8056	407	353	349	62
湖北省水利厅	Hubei Provincial Water Resources Department	3035	2970	33	428	428	11
湖南省水利厅	Hunan Provincial Water Resources Department	3512	3379	174	1019	994	112
广东省水利厅	Guangdong Provincial Water Resources Department	24	19		1	1	
广西壮族自治区水利厅	Water Resources Department of Guangxi Zhuang Autonomous Region	196	196	11			
海南省水务厅	Hainan Water Authority	11	10				
重庆市水利局	Chongqing Water Resources Bureau	91	79	4	3	3	
四川省水利厅	Sichuan Provincial Water Resources Department	894	851	72	36	35	5
贵州省水利厅	Guizhou Provincial Water Resources Department	257	242	31	15	15	
云南省水利厅	Yunnan Provincial Water Resources Department	758	758	123			
西藏自治区水利厅	Water Resources Department of Xizang Autonomous Region	16	14	2	4	4	2
陕西省水利厅	Shaanxi Provincial Water Resources Department	3268	3268	384	2	2	1
甘肃省水利厅	Gansu Provincial Water Resources Department	2651	2478	273	1	1	
青海省水利厅	Qinghai Provincial Water Resources Department	121	121		6	6	
宁夏回族自治区水利厅	Water Resources Department of Ningxia Hui Autonomous Region	725	673	12	211	200	10
新疆维吾尔自治区水利厅	Water Resources Department of Xinjiang Uygur Autonomous Region	760	732	24	347	337	18
大连市水务局	Dalian Water Authority	30	30				
宁波市水利局	Ningbo Water Resources Bureau	54	53				
厦门市水利局	Xiamen Water Resources Bureau	7	7				
青岛市水务管理局	Qingdao Water Management Bureau	7	7	1	18	18	2
深圳市水务局	Shenzhen Water Authority	2	2		1	1	
新疆生产建设兵团水利局	Water Resources Department of Xinjiang Production and Construction Corps						

主要统计指标解释

从业人员 指在各级国家机关、政党、社会团体及企业、事业单位中工作，取得工资或其他形式的劳动报酬的全部人员，包括在岗职工、再就业的离退休人员、民办教师以及在各单位中工作的外方人员和港澳台方人员、兼职人员、借用的外单位人员和第二职业者。不包括离开本单位仍保留劳动关系的职工。

Explanatory Notes of Main Statistical Indicators

Employees It refers to staff working for governmental agencies, party and its administrative organizations, social groups, enterprises and public organizations at all levels, who have obtained paid salaries or other types of labor remuneration, including full-time employment, re-employed retirees, rural school teachers, hired staff and workers from HongKong, Macao, Taiwan areas and other countries, part-time staff and workers, borrowed staff and second-job staff and workers, but the staff and workers who has left the organization without ending their contracts are excluded.